Hamdi Aguir
Hédi Belhadj Salah

Stratégies inverses pour l'identification de modèles de comportement

Hamdi Aguir
Hédi Belhadj Salah

Stratégies inverses pour l'identification de modèles de comportement

Procédés de mise en forme

Presses Académiques Francophones

Impressum / Mentions légales

Bibliografische Information der Deutschen Nationalbibliothek: Die Deutsche Nationalbibliothek verzeichnet diese Publikation in der Deutschen Nationalbibliografie; detaillierte bibliografische Daten sind im Internet über http://dnb.d-nb.de abrufbar.

Information bibliographique publiée par la Deutsche Nationalbibliothek: La Deutsche Nationalbibliothek inscrit cette publication à la Deutsche Nationalbibliografie; des données bibliographiques détaillées sont disponibles sur internet à l'adresse http://dnb.d-nb.de.

Coverbild / Photo de couverture: www.ingimage.com

Verlag / Editeur:
Presses Académiques Francophones
ist ein Imprint der / est une marque déposée de
AV Akademikerverlag GmbH & Co. KG
Heinrich-Böcking-Str. 6-8, 66121 Saarbrücken, Deutschland / Allemagne
Email: info@presses-academiques.com

Herstellung: siehe letzte Seite /
Impression: voir la dernière page
ISBN: 978-3-8416-2056-9

Année 2010

THESE

Présentée à l'
ECOLE NATIONALE D'INGENIEURS DE MONASTIR

Pour obtenir le grade de
DOCTEUR

Spécialité : **Génie Mécanique**

Par
Hamdi AGUIR
Ingénieur diplômé en Génie Mécanique

Stratégies inverses pour l'identification de modèles de comportement pour la mise en forme

Soutenue le 08/02/2010 devant le Jury composé de :

A. BEN AMARA	Maître de Conférences à l'ENIM, Tunisie	*Président*
N. BEN SALAH	Maître de Conférences à l'ESSTT, Tunisie	*Rapporteur*
F. DAMMAK	Maître de Conférences à l'ENIS, Tunisie	*Rapporteur*
A. DOGUI	Professeur à l'ENIM, Tunisie	*Membre*
H. BELHADJSALAH	Professeur à l'ENIM, Tunisie	*Directeur*

Laboratoire de Génie Mécanique
(LAB MA-05)
Ecole Nationale d'Ingénieurs de Monastir, 5019Monastir

Dédicace

*L'être le plus cher au monde en témoignage de mon respect, à
l'âme de mon très cher père.*

*La femme la plus affectueuse et la plus douce au monde, l'ange le plus
tendre qui a été toujours pour moi une source d'amour, de pitié et d'espoir,
ma très chère mère.*

*A mes frères
A mes soeurs
A qui je dois tout,
Qu'ils veuillent trouver dans ce modeste travail, résultat des
encouragements incessants et des sacrifices qu'ils ont consentis pour mes
études, l'expression de ma très grande affection et de mes infinies
reconnaissances. Je leur souhaite tout le succès et le bonheur du monde.*

*Ces êtres chers méritent bien de moissonner la récolte qu'ils ont semé.
A tous je dis merci et je dédie le fruit de toutes ces années d'études.*

*A mes très cher amis
A tous ceux qui me sont chers
A tous les membres du laboratoire de Génie Mécanique,
J'admirerai toujours votre gentillesse et votre humour.
J'espère que notre amitié sera éternelle.*

Hamdi

Remerciements

Le présent travail a été effectué au sein du Laboratoire de Génie Mécanique
À l'Ecole Nationale d'Ingénieurs de Monastir (LGM_ENIM).

Je voudrais ici témoigner toute ma gratitude à Monsieur le Professeur
Hédi BELHADSALAH, mon directeur de thèse, pour sa confiance, sa disponibilité
et le grand intérêt qu'il a toujours manifesté pour ce travail. Sa rigueur
scientifique, ses encouragements et son soutien m'ont permis de mener à
bien ce travail.

Mes plus vifs remerciements s'adressent à Monsieur AbdelMajid BEN AMARA,
Maître de Conférences à l'Ecole Nationale d'Ingénieurs de Monastir, pour m'avoir fait
l'honneur d'accepter de présider ce jury.

Mes plus profonds remerciements vont à Monsieur Nizar BEN SALAH, Maître de
Conférences à l'Ecole Supérieure des Sciences et Techniques de Tunis, d'avoir bien voulu
accepter d'être rapporteur de cette thèse et membre du jury.

Egalement, j'exprime ma gratitude à Monsieur Fakhreddine DAMMAK, Maître de
Conférences à l'Ecole Nationale d'Ingénieurs de Sfax, pour l'intérêt qu'il a
porté à ce travail en acceptant d'en être rapporteur et membre du jury.

J'adresse aussi mes remerciements à Monsieur Abdelwaheb DOGUI,
Professeur à l'Ecole Nationale d'Ingénieurs de Monastir, pour avoir accepté de
participer au jury de cette thèse et d'examiner ce mémoire.

Je ne sais comment exprimer ma reconnaissance à Monsieur Ridha HAMBLI,
Professeur à l'Ecole Polytechnique d'Orléans pour son aide, sa disponibilité, ses
encouragements et son soutien avec bienveillance tout au long de ce travail

Je me permets d'adresser mes remerciements et mes reconnaissances à tous ceux qui
ont contribué de façon directe ou indirecte à la réalisation de ce travail.

J'adresse mes remerciements à tous les membres du Laboratoire du Génie
Mécanique pour leur sympathie et amitié qu'ils ont exprimé à mon égard.

A vous tous, du fond du coeur : Merci

Principales notations

ε	: Tenseur (symétrique) des petites déformations
$\dot{\varepsilon}$	: Tenseur des vitesses de déformation totale
$\dot{\varepsilon}^{p}$	: Tenseur des vitesses de déformation plastique
$\dot{\varepsilon}^{e}$	: Tenseur des vitesses de déformation élastique
$\dot{\bar{\varepsilon}}^{p}$	: Vitesse de déformation plastique équivalente
$\bar{\alpha}$	: Déformation plastique équivalente cumulée
r_0, r_{45}, r_{90}	: Coefficients d'anisotropie dans la direction 0°, 45° et 90° de la tôle
$\varepsilon_{11}, \varepsilon_{22}, \varepsilon_{33}$	: Déformations principales
σ	: Tenseur de contraintes de Cauchy
$\sigma_{11}, \sigma_{22}, \sigma_{33}$	: Contraintes principales
S	: Tenseur déviateur des contraintes
p	: Pression hydrostatique
$\bar{\sigma}$	: Contrainte équivalente
σ_{s}	: Contrainte d'écoulement plastique
σ_{0}	: Limite élastique
K	: Module d'écrouissage
n	: Indice d'écrouissage
$\bar{\varepsilon}_{0}$	: Déformation seuil
$\dot{\bar{\varepsilon}}_{0}$	: Vitesse de déformation seuil
f	: Surface d'écoulement plastique
X	: Tenseur d'écrouissage cinématique
C_0, γ	: Coefficients de la loi d'évolution du tenseur cinématique (loi de Lemaître-Chaboche)
R	: Variable d'écrouissage isotrope
R_{sat}, C_R	: Coefficients de la loi d'évolution de la variable isotrope
$\dot{\lambda}$	: Multiplicateur plastique
$\mathbb{X}$	: Tenseur de second ordre
$\boldsymbol{\alpha}$	: Tenseur de second ordre
$\mathbb{Q}$	: Tenseur de rotation du second ordre $\quad\quad \mathbb{Q}\,\mathbb{Q}^{T}=1$
$\bar{\mathbb{X}}=\mathbb{Q}^{T}\mathbb{X}\mathbb{Q}$	: Tenseur tourné par la rotation $\mathbb{Q}$

$\dot{\mathbb{X}} = \dfrac{\partial \mathbb{X}}{\partial t}$: Dérivation de $\mathbb{X}$ par rapport au temps

$\boldsymbol{\varepsilon} = \boldsymbol{\varepsilon}^e + \boldsymbol{\varepsilon}^p$: Tenseur de déformation en petites déformations

$\mathbb{F} = \mathbb{R}\mathbb{U} = \mathbb{V}\mathbb{R}$: Tenseur gradient total de la transformation

$\mathbb{F}^e$: Tenseur gradient élastique de la transformation

$\mathbb{F}^p$: Tenseur gradient plastique de la transformation

$\mathbb{R}$: Tenseur rotation propre $\qquad \mathbb{R}\,\mathbb{R}^{\mathrm{T}} = 1$

$\mathbb{U}$: Tenseur de déformation pure droit

$\mathbb{V}$: Tenseur de déformation pure gauche

$\mathbb{B} = \mathbb{V}^2$: Tenseur de Cauchy-Green gauche

$\mathbb{H} = 1/2\log(\mathbb{B})$: Tenseur de déformation de Hencky

$\boldsymbol{\sigma}$: Tenseur de contrainte en petites déformations

$\boldsymbol{\tau}$: Tenseur de contrainte de Kirchoff

$\mathbb{T}$: Tenseur de contrainte de Cauchy

$\mathbb{L} = \dot{\mathbb{F}}\mathbb{F}^{-1}$: Tenseur gradient des vitesses de déformation

$\mathbb{D} = \mathbb{L}^S$: Tenseur taux de déformation

$\mathbb{W} = \mathbb{L}^A$: Tenseur taux de rotation

$\mathbb{D}^e$: Tenseur taux de déformation élastique

$\mathbb{D}^p$: Tenseur taux de déformation plastique

L : Tenseur d'élasticité

$\mathbb{V}^e$: Vitesse de déformation élastique de Hencky

$\tilde{\sigma}$: Contrainte effective

D : Paramètre d'endommagement

D_c : Endommagement critique

Φ_D : Potentiel d'endommagement

S, s : Paramètres liés à l'endommagement

Y : Variable associée à l'endommagement D

E, ν : Module d'Young et le coefficient de Poisson

q_1, q_2, q_3 : paramètres de la surface d'écoulement plastique de Gurson-Tvergaard

f_F : Fraction volumique à rupture

f_c, f_u : Constantes du matériau qui caractérisent la coalescence des microcavités

$\dot{\varepsilon}_v$: Partie volumique de la vitesse de déformation

f_N, f_C : Fraction volumique de microcavités nucléées par déformation plastique et par cisaillement

S_N, S_c : Ecart type des distributions normales de Gauss

$\varepsilon_N, \varepsilon_c$: Déformation plastique moyenne et tangentielle

$\varepsilon_{xy}, \dot{\varepsilon}_{xy}$: Déformation et vitesse de déformation tangentielle

Résumé

Le sujet de thèse que nous abordons concerne l'identification des lois de comportement élastoplastiques anisotropes en vue de leur utilisation pour la simulation numérique des procédes de mise en forme. Nous avons essentiellement contribué à la définition et à la mise en œuvre de stratégies et techniques d'identification des paramètres des modèles de comportement à partir d'essais expérimentaux. Les essais classiquement utilisés pour l'identification de ces paramètres : la traction simple dans les axes et hors axes, la traction plane et le gonflement hydraulique.

Dans une première étape, on a utilisé une stratégie d'identification par réseaux de neurones artificiels (RNA) pour identifier les coefficients d'anisotropie du critère de Hill'48. Ainsi, le problème de temps de calcul a été contourné puisqu'on a obtenu des résultats meilleurs que ceux obtenus par les méthodes inverses classiques en un temps réduit.

Dans une deuxième étape, on a développé une procédure d'identification inverse couplée à des réseaux de neurones artificiels (RNA). Cette stratégie est utilisée, en premier lieu, pour identifier la courbe d'écrouissage et les coefficients d'anisotropie du critère de Hill'48 de l'acier Inox AISI 304 à partir des essais de traction plane et de gonflement hydraulique. En deuxième lieu, elle est appliquée pour identifier les coefficients d'anisotropie à partir de l'essai d'emboutissage réalisé sur deux matériaux (l'acier faiblement allié et à haute limite d'élasticité HSAL 340 et l'acier doux DC 06). Les résultats obtenus sont encourageants.

Finalement, une stratégie d'identification basée sur une procédure d'optimisation multi-objectif couplée avec un modèle RNA a été développée pour identifier la courbe d'écrouissage et les coefficients d'anisotropie du même matériau (AISI 304) à partir de deux essais (traction plane et gonflement hydraulique). Cette stratégie a été utilisée, en premier lieu, pour identifier le modèle de Hill'48 et en deuxième lieu pour identifier le critère non quadratique de Krafillis et Boyce d'une part et une loi d'évolution non associée (basée sur le critère de Hill'48) d'autre part. En deuxième lieu, elle est appliquée pour identifier les paramètres de modèle d'endommagement. A ce niveau, on peut considérer que les méta-modèles construits par RNA ont permis de contourner le problème de temps de calcul et d'améliorer les résultats d'identification.

Sommaire

Liste des figures

Liste des Tableaux

Introduction générale

Le comportement des tôles métalliques au cours de leurs mises en forme a fait l'objet de nombreuses études depuis plusieurs décennies. Des modèles de comportement intégrant divers phénomènes physiques, liés aux déformations irréversibles que subit la tôle, ont été développés. Avec l'avènement des puissants calculateurs, parallèlement au développement de la méthode des éléments finis, des simulations de procédés de mise en forme ont été rendues possibles. Néanmoins, la prédiction fiable de l'état de la déformée finale des pièces reste un problème relativement ouvert. Ceci est dû principalement à l'interaction de plusieurs facteurs entrant en jeu lors de la simulation du procédé de mise en forme. En effet, pour assurer un minimum de précision dans les simulations numériques du procédé, il faut une bonne identification de modèles de comportement des tôles. En plus de la modélisation du comportement rhéologique du matériau, quelques incertitudes sur les valeurs exactes des paramètres du procédé (contact et efforts transmis à la tôle) sont à considérer.

La prise en compte, même de manière simple, de tous ces phénomènes (prise en compte de l'écoulement complexe de la matière, identification des paramètres, optimisation de la forme) se ramène alors à plusieurs minimisations d'écarts entre les mesures et les résultats de modèle. En plus, les essais mécaniques sont généralement non homogènes. Un calcul par éléments finis est donc nécessaire pour l'évaluation de fonctions objectifs. Une telle analyse est de plus en plus utilisée mais elle gagnera à être plus viable puisqu'elle se base sur plusieurs simulations par éléments finis des essais utilisés. Ce qui exige un temps de calcul prohibitif en général. En plus, le nombre de ces simulations croit avec le nombre des paramètres du modèle à identifier.

Pour ce fait, les méthodes inverses sont presque inévitables. Dans ce contexte, les limitations qu'ont montré les méthodes classiques d'optimisation pour résoudre le problème du temps de calcul laissent une grande place aux méthodes stochastiques (génétiques, neurones, Monte-Carlo…). Mais ce dernier choix ne fait qu'aggraver le problème de temps de calcul qu'exigent les méthodes inverses.

Le but de cette thèse est d'améliorer les solutions proposées à ce problème en développant des méthodes hybrides basées sur les Réseaux de Neurones Artificiels (RNA) couplée avec les méthodes inverses classiques pour identifier les paramètres de modèles de comportement. En effet, les RNA ont émergé comme une nouvelle branche de calcul, qui permet de conduire à la résolution des problèmes rencontrés dans la modélisation et l'optimisation de plusieurs processus. Ils ont montré une remarquable performance pour la modélisation des relations linéaires et non linéaires complexes. Cet outil mathématique est particulièrement utile pour la simulation des corrélations difficiles à décrire par des modèles mathématiques en raison de la capacité d'apprendre par des exemples. Dans le présent travail, les RNA seront utilisés pour remplacer les calculs par éléments finis et pour recaler les paramètres d'entrée. Ce qui permet d'éviter les temps de calcul trop long qu'exigent les simulations par éléments finis au cours de l'identification.

Cette thèse est composée de cinq chapitres:

Le premier chapitre est consacré à la formulation des modèles de comportement relatifs à la mise en forme dans un cadre général. Les différents types d'écrouissage isotropes, cinématiques et combinées ont été considérés. Une synthèse sur les critères de plasticité isotropes, orthotropes quadratiques et non quadratiques a été ensuite présentée. La formulation de la plasticité dans le cadre des matériaux standard généralisés, plasticité associée et non associée a été développée. Les deux derniers points de ce chapitre sont consacrés au comportement élastoplastique en grandes déformations et à l'endommagement ductile.

Le deuxième chapitre est dédié à la description de quelques méthodes d'optimisation classiquement utilisées, ainsi que des méthodes récentes basées sur l'intelligence artificielle telles que les algorithmes génétiques, les réseaux de neurones et les surfaces de réponses. Une étude bibliographique sur l'utilisation de ces méthodes a été aussi présentée.

Le troisième chapitre traite une stratégie d'identification par réseaux de neurones artificiels (RNA). Cette méthode a été utilisée pour identifier les coefficients d'anisotropie du critère de Hill'48. Dans une première étape, on a mis en place des modèles numériques en utilisant le code de calcul par éléments finis « DD3IMP » pour simuler les essais de traction plane, de cisaillement simple et de gonflement hydraulique. Trois bases de données numériques ont été construites par ce code. Elles sont obtenues par variation des coefficients d'anisotropie r_0, r_{45} et r_{90}. Les résultats expérimentaux sur des tôles en acier extra doux XES relatifs à ces essais sont pris de la thèse de A. Khalfallah [Khalfallah 2004]. En deuxième étape, on a utilisé une stratégie d'identification par réseaux de neurones artificiels RNA pour identifier ces coefficients. Pour réduire la taille de la base de données, une analyse de sensibilité des essais mécaniques (traction plane, cisaillement simple et gonflement hydraulique) aux paramètres à identifier est considérée. Le modèle RNA utilisé est de type perceptron multicouches. Son apprentissage est effectué par la base de données réduite déjà générée.

Le quatrième chapitre développe une procédure d'optimisation inverse couplée avec un réseau de neurones artificiel (RNA). En effet, l'utilisation de méthodes d'optimisation classiques et de plusieurs essais expérimentaux pour ajuster les paramètres de matériau, mène à un temps de calcul long. Ainsi, pour réduire ce temps et diminuer l'écart entre la réponse expérimentale et la réponse numérique on a utilisé la présente méthode. Cette procédure est utilisée pour identifier la courbe d'écrouissage et les coefficients d'anisotropie de l'acier Inox AISI 304. Deux essais sont considérés : l'essai de traction plane et l'essai de gonflement hydraulique. La première partie de ce chapitre consiste à construire deux bases de données numériques en utilisant le code de calcul par éléments finis « ABAQUS » des deux essais. Ces bases de données sont alors, utilisées pour construire deux réseaux de neurones artificiels (RNA). Puisque l'utilisation de méthodes d'optimisation classiques et de plusieurs essais expérimentaux pour ajuster les paramètres de matériau mène à un temps de calcul long, les modèles RNA sont utilisés pour remplacer les calculs par éléments finis dans l'approche proposée.

Une identification des paramètres d'anisotropie à partir d'un autre essai : emboutissage profond est réalisée en utilisant cette même procédure d'optimisation couplée (RNA-routine d'optimisation classique déjà proposée dans ce chapitre). Pour cela, deux matériaux sont considérés : l'acier faiblement allié et à haute limite d'élasticité HSAL 340 et l'acier doux DC 06. Dans la première étape de cette approche, deux bases de données numériques sont produites par des simulations numériques de cet essai avec le code de calcul par éléments finis « DD3IMP ». Ces bases de données sont, alors nécessaires pour faire l'apprentissage des modèles RNA.

Le cinquième chapitre est consacré au développement d'une méthode hybride d'optimisation multi-objectif couplée avec les Réseaux de Neurones Artificiels (RNA). En effet, l'identification simultanée des paramètres du matériau à partir de plusieurs essais conduit à la minimisation de l'écart entre les mesures expérimentales et les résultats numériques du modèle. Ce qui se ramène à un problème d'optimisation multi-objectif. Comme dans le chapitre précédent, les RNA sont utilisés comme alternative aux calculs par éléments finis dans l'évaluation des fonctions objectifs. L'apprentissage des RNA se fait évidemment à partir des simulations par éléments finis des essais expérimentaux (traction plane et gonflement hydraulique). Pour réduire la taille des bases de données, les plans d'expériences optimaux « Box de Behnken » sont utilisés. Cette stratégie a été appliquée, en premier lieu, pour identifier les paramètres du critère de Hill'48 avec plasticité associée ainsi que ceux de la loi d'écrouissage de Voce de l'acier Inox AISI 304. En deuxième lieu, elle a été utilisée pour identifier le critère non quadratique de Krafillis et Boyce d'une part et la loi d'évolution non associée (basée sur le critère de Hill'48) d'autre part. Une comparaison des résultats d'identification est effectuée. La dernière partie de ce chapitre est consacrée à l'identification des paramètres d'endommagement à partir de l'essai du gonflement hydraulique.

La dernière partie est consacrée aux conclusions et perspectives par rapport aux problèmes soulevés au cours de l'étude présentée dans ce manuscrit.

Chapitre 1

Lois de comportement élastoplastiques

1.1   Introduction

La prédiction et l'optimisation de l'état de la déformée finale des pièces résultat d'une opération de mise en forme reste un problème relativement ouvert. En effet, lorsqu'on veut définir une nouvelle expérience ou bien un nouveau procédé industriel, la simulation numérique est couramment utilisée comme une aide à la conception. Elle permet d'une part de décrire l'écoulement de matière au cours du procédé ainsi que les champs de contrainte, de déformation et de température induits ; et d'autre part elle permet d'observer l'influence d'une modification des paramètres d'entrée du code sur le procédé considéré [Ghouati et al. 2001, Cooreman et al. 2007, Kucharski et Mróz 2007, Omerspahic et al. 2006]. Ces simulations nécessitent des modèles ou des lois de comportement qui doivent être physiquement acceptable et satisfaire les principes généraux de la thermodynamique. Ces lois de comportement doivent être simples, afin de faciliter leur identification et leur implémentation dans les codes de calcul.

Les lois élastoplastiques constituent une classe importante de modèles utilisés en procédés de mise en forme. Dans ce chapitre, une synthèse sur les critères de plasticité isotropes, orthotropes quadratiques et non quadratiques est présentée. Les différentes lois d'écrouissage isotropes, cinématiques et combinées sont aussi exposés. Ensuite, la formulation de la plasticité dans le cadre des matériaux standard généralisés, plasticité associée et non associée est exposée. Le comportement élastoplastique en grandes déformations formulé en référentiel tournant et le phénomène d'endommagement ductile sont présentés dans les deux dernières parties de ce chapitre.

1.2   Formulation de lois élastoplastiques

L'étude du comportement des tôles est le plus souvent abordée dans le cadre d'une approche élastoplastique pour la plupart des procédés de mise en forme à froid. La théorie élastoplastique comporte elle même deux approches différentes décrivant chacune d'elle une échelle physique du comportement: la première est appelée approche phénoménologique (ou macroscopique) et la deuxième est appelée approche microscopique. On se limite dans le présent rapport aux modèles phénoménologiques à variables internes qui peuvent être de nature tensorielles ou scalaires. Ces modèles macroscopiques élastoplastiques sont basés sur l'hypothèse de la décomposition de la déformation totale en une partie élastique réversible et une partie plastique irréversible et l'hypothèse de l'indépendance du comportement plastique de la vitesse de déformation. Lorsque la partie élastique est suffisamment faible (hypothèse des petites déformations : HPP), il est courant d'adopter une décomposition additive du tenseur des vitesses (taux) de déformation totale $\dot{\varepsilon}$:

$$\dot{\varepsilon} = \dot{\varepsilon}_e + \dot{\varepsilon}_p \qquad (1.1)$$

Où $\dot{\varepsilon}_e$ et $\dot{\varepsilon}_p$ sont les tenseurs taux de déformation, respectivement, élastique et plastique.

Le tenseur taux des déformations total $\dot{\varepsilon}$ correspond, dans l'hypothèse des petites déformations, à la partie symétrique du tenseur gradient du champ de vitesse V, qui s'écrit :

$$\dot{\varepsilon} = \frac{1}{2}\left(grad\left(V\right) + grad\left(V\right)^t\right) \qquad (1.2)$$

1.2.1   Comportement élastique

Dans le cas des comportements élastoplastiques, on suppose généralement que les déformations élastiques sont petites par rapport à l'unité et on néglige l'influence de la déformation inélastique sur les constantes élastiques; ces hypothèses sont parfaitement justifiées dans le cas des matériaux métalliques [Khalfallah 2004].

L'élasticité traduit une déformation réversible du matériau. Le plus souvent, elle est considérée comme linéaire et isotrope dans le cas des aciers à froid. Dans ces conditions, le tenseur de contraintes de Cauchy est relié au tenseur taux de déformations élastiques par la loi de Hooke :

$$\dot{\sigma} = A : \dot{\varepsilon}_e \qquad (1.3)$$

Où $\dot{\sigma}$ est le tenseur taux des contraintes de Cauchy et A est le tenseur de quatrième ordre des constantes élastiques. Cette relation correspond à la forme hypo élastique de la loi de Hooke.

1.2.2   Surface de plasticité

Pour décrire le comportement plastique, il est nécessaire de préciser la surface de plasticité, la loi d'écoulement et la loi d'écrouissage.

Les déformations plastiques apparaissent seulement pour certains états de contrainte ; cette condition est traduite par le critère de plasticité au moyen de la fonction de charge f qui dépend du tenseur de contraintes de Cauchy σ et de l'état d'écrouissage :

- Le comportement est élastique si: $f < 0$ ou $f = 0$ et $\dfrac{\partial f}{\partial \sigma} : \dot{\sigma} \leq 0$ (1.4)

- Il est plastique si: $f = 0$ et $\dfrac{\partial f}{\partial \sigma} : \dot{\sigma} > 0$ (1.5)

Pour le chargement plastique, l'évolution du critère est telle que l'état de contrainte actuel se trouve toujours sur la surface de plasticité, ce qui est exprimé par la condition de consistance :

$$\dot{f} = 0$$ (1.6)

Où $\dot{f}$ est la dérivée temporelle de f. On suppose que la surface de plasticité est décrite par une équation du type :

$$f(\sigma, \alpha, X) = 0$$ (1.7)

qui dépend du tenseur de contraintes σ, d'une variable scalaire d'écrouissage isotrope α et d'une variable tensorielle X d'écrouissage cinématique.

1.3   Critères de plasticité

Les critères de plasticité définissent la forme prise par la surface de charge f dans l'espace des contraintes. Ils déterminent l'expression de la contrainte équivalente $\bar{\sigma}$. Il existe une grande variété de critères de plasticité qui visent à modéliser le plus fidèlement possible le comportement des matériaux. Ces derniers peuvent être répertoriés en deux familles : les critères isotropes, et les critères anisotropes.

On distingue généralement les critères isotropes pour lesquels la contrainte d'écoulement est invariante par rapport à un changement de repère quelconque, des critères anisotropes qui dépendent d'une rotation dans l'espace des contraintes.

1.3.1   Critères de plasticité isotropes

a.   Critère de Tresca (1864)

Le premier critère utilisé pour les matériaux métalliques a été proposé par Tresca 1864. Ce critère postule que la limite d'élasticité est atteinte lorsque la contrainte de cisaillement maximale atteint une valeur critique k. La surface de plasticité est donc déterminée par :

$$Max\left[|\sigma_{11} - \sigma_{22}| ; |\sigma_{22} - \sigma_{33}| ; |\sigma_{11} - \sigma_{33}| \right] - 2k = 0$$ (1.8)

Où σ_{ij} (i et j = 1, 2, 3) représentent les composantes principales du tenseur déviatorique de contraintes.

La limite élastique en cisaillement k peut être déterminée par un essai de traction uniaxiale, pour lequel la limite élastique σ_0 est égale à $2k$.

b.   Critère de Von Mises (1913)

L'un des critères de plasticité isotrope les plus utilisés pour les matériaux métalliques ductiles est le critère de Von Mises (1913). Il est établi en considérant l'écoulement plastique comme insensible à la pression hydrostatique, il est défini dans un repère de contrainte orthonormé quelconque par l'expression suivante :

$$\bar{\sigma}^2(\sigma) = \frac{1}{2}\left[(\sigma_{11} - \sigma_{22})^2 + (\sigma_{22} - \sigma_{33})^2 + (\sigma_{33} - \sigma_{11})^2 + 6(\sigma_{12}^2 + \sigma_{23}^2 + \sigma_{31}^2)\right] \tag{1.9}$$

Où σ_{ij} (i et j = 1, 2, 3) représentent les composantes principales du tenseur déviatorique de contraintes.

Dans le repère des contraintes principales, le critère se ramène à la somme des carrés de la différence entre les contraintes principales.

La propriété d'isotropie doit traduire l'indépendance de l'expression du critère de plasticité de tout changement de repère, en d'autres termes le critère est objectif. Le critère de Von Mises vérifie en particulier l'isotropie, et il est donc possible de l'exprimer en fonction des invariants du tenseur de contraintes (J_1, J_2, J_3), dont les expressions sont définies par :

$$J_1 = trace(\sigma) \; ; \qquad J_2 = \frac{1}{2}\left[trace(\sigma)^2 - trace(\sigma^2)\right] \; ; \qquad J_3 = \det(\sigma) \tag{1.10}$$

Le critère de Von Mises s'écrit alors : $\bar{\sigma} = \sqrt{3J_2}$ \hfill (1.11)

Par ailleurs, étant donné l'invariance du critère à tout chargement sphérique de compression ou de traction, il est judicieux d'introduire le tenseur déviateur des contraintes S :

$$S = \sigma - \frac{1}{3}trace(\sigma)I \quad \text{et par suite : } \bar{\sigma} = \sqrt{\frac{3}{2}S:S} \tag{1.12}$$

c. Critère de Drucker (1949)

Drucker a développé ce critère dans le but de représenter les données expérimentales localisées entre le critère de Von Mises et le critère de Tresca. Il s'exprime de la façon suivante :

$$f(J_2, J_3) = (3J_2)^3\left(1 - c\left(\frac{J_3^2}{J_2^3}\right)\right) - \left(1 - \frac{4c}{27}\right)\sigma_0^6 = 0 \quad \text{et} \quad c \le \frac{9}{4} \tag{1.13}$$

Où σ_0 est la contrainte d'écoulement plastique initiale en traction uniaxiale suivant la direction de laminage, J_2 et J_3 sont les deuxième et troisième invariants du tenseur de contraintes et c est un paramètre du matériau.

La figure 1.1 représente les surfaces de plasticité correspondant aux critères isotropes de Tresca, de Von Mises et de Drucker, dans le plan déviatorique (σ_1', σ_2', σ_3').

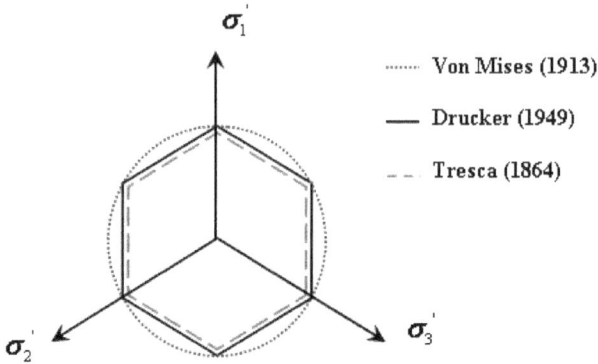

Figure 1.1. Représentation des surfaces de plasticité

d. Critère de Hershey-Hosford (1972)

Ce critère se présente formellement comme une extension non quadratique du critère isotrope de Von Mises. Il est particulièrement convenable pour tenir compte des structures cristallographiques, cubiques centrées (CC) et cubiques à faces centrées (CFC) des matériaux isotropes. Ce critère s'écrit par la relation suivante :

$$f(\sigma) = \left|\sigma_1 - \sigma_2\right|^m + \left|\sigma_2 - \sigma_3\right|^m + \left|\sigma_3 - \sigma_1\right|^m - 2\bar{\sigma}^m = 0 \qquad (1.14)$$

Où σ_i (i = 1, 2, 3) représentent les composantes principales du tenseur déviatorique de contraintes. Le coefficient m est un paramètre matériel, basé sur des résultats de calculs microcristallins. Des valeurs particulières de ce coefficient sont conseillées pour avoir des prédictions des modèles proches des résultats expérimentaux : $m = 6$ pour la structure CC et $m = 8$ pour la structure CFC.

1.3.2 Critères de plasticité orthotropes

Le comportement de certains matériaux peut varier en fonction de la direction de sollicitation. Dans ces conditions, le matériau est dit anisotrope. L'orthotropie est une anisotropie particulière qui se caractérise par trois plans de symétries dont les intersections définissent les trois axes d'orthotropie *(1, 2, 3)*.

L'anisotropie initiale se manifeste par la dépendance directionnelle des propriétés mécaniques et du comportement plastique. Pour étudier cette dépendance, le repère *(1, 2, 3)* est classiquement utilisé comme repère attaché à la matière donc bien adapté à l'étude des propriétés directionnelles. Ces directions dites respectivement direction de laminage, direction transverse et direction normale à la tôle sont liées à la matière au sens où elles portent l'empreinte du cycle de laminage. Une éprouvette plane extraite d'une tôle laminée, dont l'axe fait un angle ψ par rapport à la direction du laminage est représentée sur la figure 1.2.

L'essai de traction des éprouvettes découpées suivants des angles variées montre que les paramètres physiques et rhéologiques tels que limite d'élasticité, résistance à la traction, coefficients d'écrouissage et coefficient de Lankford dépendent de cet angle. Ce dernier carractérise l'anisotropie et il est déterminé à partir de l'essai de traction simple. Il est défini par le rapport de vitesse de déformation plastique transversale et normale au plan de la tôle. Pour pratiquement la majorité des alliages métalliques et en particulier pour les matériaux, ce coefficient demeure constant en fonction de la déformation [Genevois 1992]. Expérimentalement ce coefficient est déterminé graphiquement comme étant la pente de la courbe représentative de $\dot{\varepsilon}_{22}^{p}$ en fonction de $\dot{\varepsilon}_{33}^{p}$:

$$r = \frac{\dot{\varepsilon}_{22}^{p}}{\dot{\varepsilon}_{33}^{p}} \qquad (1.15)$$

La déformation plastique est supposée sans variation de volume : $\varepsilon_{11} + \varepsilon_{22} + \varepsilon_{33} = 0$. Les tôles étudiées présentent une anisotropie plus au moins marquée par la variation du coefficient d'anisotropie par rapport à la direction de prélèvement de l'éprouvette. Le coefficient d'anisotropie r_{ψ} des tôles se mesurent à partir des essais de la traction hors axes dans les directions de $\psi = 00°$ jusqu'à $\psi = 90°$ par un pas de 15°. A partir de r_{ψ}, le coefficient d'anisotropie moyen $\bar{r}$ s'écrit :

$$\bar{r} = \frac{1}{2(n-1)}(r_0 + 2\sum_{i=2}^{n-1} r_{\alpha_i} + r_{90}) \qquad (1.16)$$

Dans la pratique, il est très commun d'identifier les coefficients de Lankford (r_0, r_{45}, r_{90}) pour les trois orientations particulières définies à 0°, 45° et 90° par rapport à la direction de laminage.

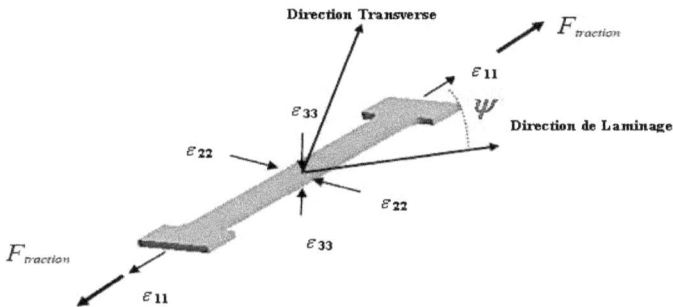

Figure 1.2. Schéma d'une éprouvette de traction extraite d'une tôle suivant l'angle ψ

a. **Critère quadratique de Hill (1948)**

Pour représenter l'anisotropie initiale de la plasticité, en 1948 Hill [Hill 1948] a proposé une contrainte équivalente anisotrope comme étant une généralisation de la contrainte équivalente isotrope de Huber-Mises-Hencky. Celle ci correspond à une anisotropie particulière qui conserve trois plans de symétrie dans l'état d'écrouissage du matériau et qui est indépendant de la partie sphérique du tenseur de contraintes. Les intersections de ces trois plans de symétrie sont les axes principaux d'orthotropie notés $\overrightarrow{M_i}$ qui sont pris comme base pour l'écriture de la contrainte équivalente. Le critère est usuellement écrit sous la forme suivante :

$$\bar{\sigma}^2 = F(\sigma_{22} - \sigma_{33})^2 + G(\sigma_{33} - \sigma_{11})^2 + H(\sigma_{11} - \sigma_{22})^2 + 2L s_{23}^2 + 2M \sigma_{31}^2 + 2N \sigma_{12}^2 \qquad (1.17)$$

Où $\bar{\sigma}$ est la contrainte équivalente de Hill, les σ_{ij} représentent les composantes du tenseur de contraintes de Cauchy dans le repère d'orthotropie *et F, G, H, L, M* et *N* sont les six paramètres scalaires qui caractérisent l'anisotropie et qui sont déterminés à partir d'un essai de traction hors axes.

En effet, on considère une éprouvette de traction découpée dans le plan (1,2) et orientée de l'angle ψ par rapport à la direction du laminage choisie confondue avec la direction 1, l'expression du critère, dans le cas des contraintes planes, se réduit à :

$$\bar{\sigma}^2 = (G+H)\sigma_{11}^2 - 2H\sigma_{11}\sigma_{22} + (F+H)\sigma_{22}^2 + 2N\sigma_{12}^2 \qquad (1.18)$$

Nous considérons la condition $G + H = 1$, de sorte que $\bar{\sigma} = \sigma_{11}$ pour l'essai de traction simple dans la direction de laminage. Ensuite, moyennant la loi d'écoulement, combinée avec l'expression précédente de la contrainte équivalente, le tenseur taux des déformations plastiques peut être déterminé dans le repère d'orthotropie pour ensuite être transformé dans le repère de l'essai. A partir de ce dernier tenseur, il est possible d'exprimer le coefficient de Lankford dans la direction ψ relativement à la direction de laminage comme suit :

$$r(\psi) = \frac{d\varepsilon_{22}^p}{d\varepsilon_{33}^p} = \frac{H + (2N - F - G - 4H)\sin^2\psi\cos^2\psi}{F\sin^2\psi + G\cos^2\psi} \qquad (1.19)$$

D'où les expressions suivantes des coefficients de Lankford:

$$r_0 = \frac{H}{G} \quad ; \qquad r_{90} = \frac{H}{F} \quad ; \qquad r_{45} = \frac{2N - F - G}{2(F+G)} \qquad (1.20)$$

b. Critère non quadratique de Barlat et Lian (1989)

Ce modèle permet de généraliser le critère quadratique de Hill 1948 et les non quadratiques de Hosford [Hosford 1972]. Il est exprimé pour un état de contraintes planes et dans les axes d'orthotropie, sous la forme suivante [Barlat et Lian 1989] :

$$A|K_1 + K_2|^{2k} + A|K_1 - K_2|^{2k} + (2 - A)|2K_2|^{2k} - 2\bar{\sigma}^{2k} = 0 \qquad (1.21)$$

$$\begin{cases} K_1 = \frac{1}{2}(\sigma_x + H\sigma_y) \\ K_2 = \sqrt{\left(\frac{\sigma_x - H\sigma_y}{2}\right)^2 + (P\sigma_x)^2} \end{cases} \qquad (1.22)$$

Les paramètres *A, H* et *P* sont identifiables à partir des limites élastiques dans diverses directions et des trois coefficients d'anisotropie r_0, r_{45}, r_{90} déterminés à partir d'essais de traction uniaxiale. Par ailleurs, les auteurs préconisent d'utiliser la valeur 3 de l'exposant *k* pour les matériaux à structure cristallographique CC et la valeur 4 pour des structures CFC.

c. Critère de Barlat et al. (1991)

Ce critère est une extension au cas orthotrope du critère isotrope de Hershey et Hosford. Il s'applique aux matériaux dont les axes d'orthotropie ne coïncident pas avec les directions principales des contraintes. Il se présente sous la forme suivante :

$$2\bar{\sigma}^m = |S_1 - S_2|^m + |S_2 - S_3|^m + |S_3 - S_1|^m \tag{1.23}$$

Où S_1, S_2 et S_3 représentent les composantes principales du tenseur déviatorique de contraintes, $\bar{\sigma}$ est la contrainte équivalente du critère, m est un coefficient de forme de la surface de plasticité. Le tenseur déviatorique de contraintes S est lié au tenseur de contraintes d'anisotropie σ par une transformation linéaire L :

$$S = L : \sigma \tag{1.24}$$

$$L = \begin{bmatrix} \dfrac{c_2 + c_3}{3} & -\dfrac{c_3}{3} & -\dfrac{c_2}{3} & 0 & 0 & 0 \\[2mm] -\dfrac{c_3}{3} & \dfrac{c_3 + c_1}{3} & -\dfrac{c_1}{3} & 0 & 0 & 0 \\[2mm] -\dfrac{c_2}{3} & -\dfrac{c_1}{3} & \dfrac{c_1 + c_2}{3} & 0 & 0 & 0 \\[2mm] 0 & 0 & 0 & c_4 & 0 & 0 \\[2mm] 0 & 0 & 0 & 0 & c_5 & 0 \\[2mm] 0 & 0 & 0 & 0 & 0 & c_6 \end{bmatrix} \tag{1.25}$$

Où c_i $(i=1,..,6)$ sont des paramètres du matériau. Dans le cas d'un matériau isotrope, ces paramètres sont pris égaux à 1. Dans le cas matériau de faible épaisseur, les paramètres c_4 et c_5 ne peuvent pas être identifiés. Ils prennent leur valeurs dans le cas isotrope $c_4 = c_5 = 1$.

d. Critère de karafillis et Boyce (1993)

Karafillis et Boyce en 1993 [Karafillis et Boyce 1993] ont proposé une contrainte équivalente très générale. Son originalité réside d'une part dans l'expression de la contrainte équivalente (c'est une combinaison à poids ajustable entre la contrainte de Von Mises et la contrainte de Tresca) et d'autre part dans l'utilisation d'une transformation linéaire qui permet de passer d'un état anisotrope à un état isotrope équivalent.

La forme proposée est la suivante :

$$\phi = (1-p)\phi_1 + p\,\frac{3^m}{2^{m-1}+1}\,\phi_2 ; \quad 0 \le p \le 1 \tag{1.26}$$

$$\begin{cases} \phi_1 = |S_1 - S_2|^m + |S_2 - S_3|^m + |S_3 - S_1|^m = 2\bar{\sigma}^m \\[2mm] \phi_2 = |S_1|^m + |S_2|^m + |S_3|^m = \dfrac{2^m + 2}{3^m}\,\bar{\sigma}^m \end{cases} \tag{1.27}$$

Où S_1, S_2 et S_3 représentent les composantes principales du tenseur déviatorique de contraintes, $\bar{\sigma}$ est la contrainte équivalente du critère, m est un coefficient de forme de la surface de plasticité et p est un paramètre d'ajustement (ou coefficient d'isotropie du matériau).

Le tenseur déviatorique de contraintes S est lié au tenseur de contraintes d'anisotropie σ par une transformation linéaire L, $S = L : \sigma$ \hfill (1.28)

Dans le cas d'une symétrie orthotrope, l'expression de L est donnée par :

$$L = C \begin{bmatrix} 1 & \dfrac{\alpha_2 - \alpha_1 - 1}{2} & \dfrac{\alpha_1 - \alpha_2 - 1}{2} & 0 & 0 & 0 \\ \dfrac{\alpha_2 - \alpha_1 - 1}{2} & \alpha_1 & \dfrac{1 - \alpha_1 - \alpha_2}{2} & 0 & 0 & 0 \\ \dfrac{\alpha_1 - \alpha_2 - 1}{2} & \dfrac{1 - \alpha_1 - \alpha_2}{2} & \alpha_2 & 0 & 0 & 0 \\ 0 & 0 & 0 & \gamma_1 & 0 & 0 \\ 0 & 0 & 0 & 0 & \gamma_2 & 0 \\ 0 & 0 & 0 & 0 & 0 & \gamma_3 \end{bmatrix} \qquad (1.29)$$

Où α_1, α_2, γ_1, γ_2, γ_3 et C sont des paramètres du matériau.

L peut prendre la même forme que celui de la contrainte équivalente de Hill 1948. Donc il est caractérisé par les 6 constantes matérielles F, G, H, L, M et N. Nous retrouvons la contrainte équivalente de Hill 1948 en prenant $p = 1$ et $m = 2$ ou 4.

e. Critère de Banabic (2000)

Banabic a présenté différentes versions de son critère de plasticité dans un certain nombre de publications [Banabic 2000]. Leurs critère est une extension du modèle de Barlat et Lian et peut finalement s'écrire sous la forme générale suivante :

$$2\bar{\sigma}^{2k} = A|\Gamma + \Psi|^{2k} + A|\Gamma - \Psi|^{2k} + (2 - A)|2\Lambda|^{2k} \qquad (1.30)$$

$$\begin{cases} \Gamma = \dfrac{1}{2}\left(\gamma_1 \sigma_{xx} + \gamma_2 \sigma_{yy}\right) \\ \Psi = \sqrt{\left(\dfrac{\Psi_1 \sigma_{xx} - \Psi_2 \sigma_{yy}}{2}\right)^2 + \left(\Psi_3 \sigma_{xy}\right)^2} \\ \Lambda = \sqrt{\left(\dfrac{\lambda_1 \sigma_{xx} - \lambda_2 \sigma_{yy}}{2}\right)^2 + \left(\lambda_3 \sigma_{xy}\right)^2} \end{cases} \qquad (1.31)$$

Les paramètres γ_1, γ_2, Ψ_1, Ψ_2, Ψ_3, λ_1, λ_2 et λ_3 sont identifiables à partir des limites élastiques en traction uniaxiale selon diverses directions, des coefficients d'anisotropie r_0, r_{45}, r_{90} et des limites élastiques en traction biaxiale. Les auteurs montrent d'après ces relations que A doit être entre 0 et 1 $(0 < A < 1)$, ceci afin de respecter la propriété de convexité da la surface de charge dans l'espace des contraintes.

f. Critère de Cazacu et Barlat (2001)

Ce critère permet de généraliser les deuxième et troisième invariants (J_2 et J_3) du déviateur du tenseur de contraintes dans le cas de matériaux orthotropes. On les introduit ensuite dans le critère de plasticité de Drucker ce qui permet une extension de ce critère au cas orthotrope. Il s'exprime sous la forme suivante [Cazacu et Barlat 2001]:

$$f^0 = \left(J_2^0\right)^3 - c\left(J_3^0\right)^2 = 27\left(\dfrac{\bar{\sigma}}{3}\right)^6 \qquad (1.32)$$

Où J_2^0 est la généralisation de J_2 et J_3^0 est la généralisation au cas orthotrope de J_3.

Cazacu et Barlat ont adapté une approche basée sur la transformation linéaire du tenseur de contraintes. Ce critère s'écrit de la manière suivante :

$$\left[\frac{1}{2}tr\left(S^2\right)\right]^3 - \left[\frac{1}{3}tr\left(S^3\right)\right]^2 = 27\left(\frac{\bar{\sigma}}{3}\right)^6 \qquad \text{Où } S = L : \sigma \qquad (1.33)$$

$$L = \begin{bmatrix} \dfrac{c_2+c_3}{3} & -\dfrac{c_3}{3} & -\dfrac{c_2}{3} & 0 & 0 & 0 \\[2mm] -\dfrac{c_3}{3} & \dfrac{c_3+c_1}{3} & -\dfrac{c_1}{3} & 0 & 0 & 0 \\[2mm] -\dfrac{c_2}{3} & -\dfrac{c_1}{3} & \dfrac{c_1+c_2}{3} & 0 & 0 & 0 \\[2mm] 0 & 0 & 0 & c_4 & 0 & 0 \\[2mm] 0 & 0 & 0 & 0 & c_5 & 0 \\[2mm] 0 & 0 & 0 & 0 & 0 & c_6 \end{bmatrix} \qquad (1.34)$$

Où c_i $(i=1,...,6)$ sont des paramètres du matériau. Dans le cas d'un matériau isotrope, ces paramètres sont pris égaux à 1.

g. Critère de Aretz (YLD2003)

C'est un critère instable [Berstad et al. 2005]. Il est basé sur deux transformations linéaires du tenseur de contraintes. Il s'exprime sous la forme suivante [Henry et al. 2008]:

$$2\bar{\sigma} = \left|\sigma_1^{'}\right|^m + \left|\sigma_2^{'}\right|^m + \left|\sigma_1^{''} - \sigma_2^{''}\right|^m \qquad (1.35)$$

Où m est un coefficient de forme de la surface de plasticité et $\sigma_1^{'}$, $\sigma_2^{'}$ représentent les composantes principales des transformations linéaires du tenseur déviatorique de contraintes. Les formes généralisées des transformations de contraintes principales sont comme suit :

$$\left.\begin{array}{c}\sigma_1^{'} \\ \sigma_2^{'}\end{array}\right\} = \frac{a_8\sigma_{xx} + a_1\sigma_{yy}}{2} \pm \sqrt{\left(\frac{a_2\sigma_{xx} - a_3\sigma_{yy}}{2}\right)^2 + (a_4)^2\sigma_{xy}\sigma_{yx}} \qquad (1.36)$$

$$\left.\begin{array}{c}\sigma_1^{''} \\ \sigma_2^{''}\end{array}\right\} = \frac{\sigma_{xx} + \sigma_{yy}}{2} \pm \sqrt{\left(\frac{a_5\sigma_{xx} - a_6\sigma_{yy}}{2}\right)^2 + (a_1)^2\sigma_{xy}\sigma_{yx}}$$

Où $a_1, a_2...a_8$ sont des paramètres du matériau.

h. Critère de Banabic et al (2005)

Ce critère est une extension du modèle de Banabic et al. (2000) en ajoutant des coefficients de poids de pondération. Il s'écrit sous la forme générale suivante [Banabic et al. 2008] :

$$\bar{\sigma} = \left[a(\Gamma + \Lambda)^{2k} + a(\Lambda - \Gamma)^{2k} + b(\Lambda + \Psi) + b(\Lambda - \Psi)^{2k}\right]^{\frac{1}{2k}} \qquad (1.37)$$

$$\begin{cases} \Gamma = \left(L\sigma_{11} + M\sigma_{22}\right) \\[2mm] \Lambda = \sqrt{\left(N\sigma_{11} - p\sigma_{22}\right)^2 + \left(\sigma_{yx}\sigma_{xy}\right)} \\[2mm] \Psi = \sqrt{\left(Q\sigma_{11} - R\sigma_{22}\right)^2 + \left(\sigma_{yx}\sigma_{xy}\right)} \end{cases} \qquad (1.38)$$

Les paramètres L, M, N, P, Q, R, a et b sont identifiables à partir des limites élastiques en traction uniaxiale selon diverses directions, des coefficients d'anisotropie r_0, r_{45}, r_{90} et des limites élastiques en traction biaxiale.

Les auteurs préconisent d'utiliser la valeur 3 de l'exposent k pour les matériaux à structure cristallographique CC et la valeur 4 pour des structures CFC.

i. Critère de Dell et al (2006)

Ce critère est une nouvelle formulation qui combine le travail de Barlat et de Karafillis et Boyce [Dell et al. 2008]. Il s'écrit de la manière suivante :

$$\bar{\sigma} = k_1 \left(|X_1 - X_2|^{m_1} + |X_2 - X_3|^{m_1} + |X_3 - X_1|^{m_1} \right)^{\frac{1}{m_1}} + k_1 \left(|Y_1|^{m_2} + |Y_2|^{m_2} + |Y_3|^{m_2} \right)^{\frac{1}{m_2}} \quad (1.39)$$

Où X_1, X_2 et X_3 ; Y_1, Y_2 et Y_3 représentent les composantes principales du vecteur X_{ij} et Y_{ij} :

$$\begin{pmatrix} X_{xx} \\ X_{yy} \\ X_{zz} \end{pmatrix} = \frac{1}{3} \begin{bmatrix} c_2 + c_3 & -c_3 & -c_2 \\ -c_3 & c_1 + c_3 & -c_1 \\ -c_2 & -c_1 & c_1 + c_2 \end{bmatrix} \begin{pmatrix} \sigma_{xx} \\ \sigma_{yy} \\ \sigma_{zz} \end{pmatrix}$$

$$\begin{pmatrix} X_{yx} \\ X_{yz} \\ X_{zx} \end{pmatrix} = \begin{bmatrix} c_4 & 0 & 0 \\ 0 & c_5 & 0 \\ 0 & 0 & c_6 \end{bmatrix} \begin{pmatrix} \sigma_{xy} \\ \sigma_{yz} \\ \sigma_{zx} \end{pmatrix} \quad (1.40)$$

$$\begin{pmatrix} Y_{xx} \\ Y_{yy} \\ Y_{zz} \end{pmatrix} = \frac{1}{3} \begin{bmatrix} d_2 + d_3 & -d_3 & -d_2 \\ -d_3 & d_1 + d_3 & -d_1 \\ -d_2 & -d_1 & d_1 + d_2 \end{bmatrix} \begin{pmatrix} \sigma_{xx} \\ \sigma_{yy} \\ \sigma_{zz} \end{pmatrix} \quad (1.41)$$

$$\begin{pmatrix} Y_{yx} \\ Y_{yz} \\ Y_{zx} \end{pmatrix} = \begin{bmatrix} d_4 & 0 & 0 \\ 0 & d_5 & 0 \\ 0 & 0 & d_6 \end{bmatrix} \begin{pmatrix} \sigma_{xy} \\ \sigma_{yz} \\ \sigma_{zx} \end{pmatrix}$$

Les coefficients c_i et d_i $(i=1,..,6)$ sont des paramètres qui caractérisent l'anisotropie du matériau.

Les auteurs ont déterminé les exposants m_1 et m_2 suivant le trajet de chargement : $m_1 = 16...64$ pour représenter les limites élastiques en cisaillement et $m_2 = 2...4$ pour conserver les caractéristiques elliptiques en traction-compression.

1.4 Loi d'écrouissage

Dans toute transformation réelle l'énergie mécanique fournie au matériau n'est restituée par le matériau qu'en partie (déformations élastiques). L'autre partie (loi de conservation de l'énergie) est dissipée sous l'une des formes suivantes :

-   augmentation de la température (chaleur spécifique),

-   changement d'état de certains constituants (chaleur latente),

-   production de chaleur cédée au milieu environnant,

-   modification de la structure interne du matériau (mouvement de dislocations, glissement relatif inter-grains, création de nouvelles fissures ....).

Cette modification (ou réarrangement) de la structure intime du matériau durant une transformation conduit à un nouvel état dans lequel le matériau a les mêmes propriétés donc le même domaine d'élasticité (phase parfaite ou à écrouissage nul) ou à un domaine d'élasticité plus petit (phase radoucissante ou à écrouissage négatif) ou plus grand (phase durcissante ou à écrouissage positif).

L'écriture de l'écrouissage est une tâche très complexe, qui dépend étroitement de la classe de matériau étudiée. Certains matériaux présentent même des évolutions durcissantes puis adoucissantes au cours d'une sollicitation cyclique par exemple. Le type d'écrouissage peut par ailleurs être modifié par des trajets de chargements complexes ou par le vieillissement du matériau.

Les lois d'écrouissage sont donc les règles qui caractérisent l'évolution des variables d'écrouissage au cours de la déformation inélastique. Les principales classes d'écrouissage sont l'écrouissage isotrope et l'écrouissage cinématique.

1.4.1 Ecrouissage isotrope

L'écrouissage isotrope consiste en une expansion isotrope de la surface de charge, exprimée par la variable d'écrouissage scalaire α (figure 1.3). Parmi les possibilités de choix de la variable σ, on utilise généralement une mesure intrinsèquement plastique. Classiquement, on choisit la déformation plastique cumulée :

$$\alpha = \int_0^t \dot{\varepsilon}^p : \dot{\varepsilon}^p \, dt \qquad (1.42)$$

La fonction d'écrouissage s'écrit :

$$f(\sigma, \alpha, X) = \bar{\sigma}(\sigma) - \sigma_s(\alpha) = 0 \qquad (1.43)$$

Où $\bar{\sigma}$ désigne la contrainte équivalente au sens du critère de plasticité. L'évolution de $\sigma_s(\alpha)$ peut être choisie sous différentes formes qui doivent être adaptées au comportement du matériau considéré.

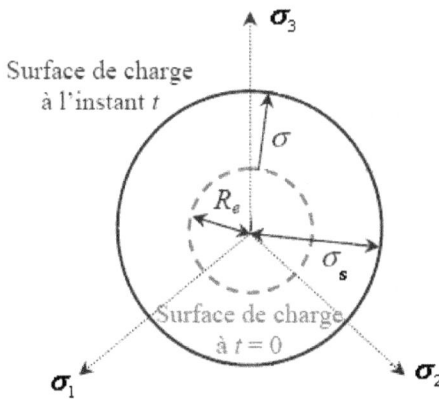

Figure 1.3. Modèle d'écrouissage isotrope [Fayolle 2008]

a. Loi d'écrouissage de Hollomon (1944)

La modélisation de l'écrouissage isotrope du matériau par la loi de Hollomon permet de définir l'évolution de σ_s par la loi suivante :

$$\sigma_s(\alpha) = K\alpha^n \qquad (1.44)$$

Où les paramètres K, et n sont les paramètres du matériau et peuvent être identifiés à partir d'un essai de traction uniaxiale.

b. Loi d'écrouissage de Krupkowski Swift (1947)

La représentation de l'écrouissage isotrope du matériau par la loi de Krupkowski permet de définir l'évolution de σ_s par la loi suivante :

$$\sigma_s(\alpha) = K(\varepsilon_0 + \alpha)^n \qquad (1.45)$$

Les paramètres K, ε_0 et n sont les paramètres du matériau et peuvent être identifiés à partir d'un essai de traction uniaxiale.

c. Loi d'écrouissage de Ludwik (1909)

La modélisation de l'écrouissage isotrope du matériau avec la loi de Ludwik permet de définir l'évolution de σ_s par la loi suivante :

$$\sigma_s(\alpha) = \sigma_0 + K\alpha^n \qquad (1.46)$$

Où les paramètres K et n sont les paramètres du matériau et peuvent être identifiés à partir d'un essai de traction uniaxiale et σ_0 est la contrainte seuil.

Les lois ci-dessus sont utilisées pour décrire le comportement des matériaux qui ne présentent pas de saturation de l'écrouissage sous chargement monotone.

d. Loi d'écrouissage de Voce (1948)

La description de l'écrouissage isotrope du matériau par la loi de Voce permet de définir l'évolution de σ_s par la loi suivante :

$$\sigma_s(\alpha) = \sigma_0 + R(\alpha) \qquad \text{Avec} \quad \dot{R} = C_R(R_{sat} - R)\dot{\alpha} \quad \text{et} \quad R(0) = 0 \qquad (1.47)$$

Où σ_0, C_R et R_{sat} sont les paramètres matériau et peuvent être identifiés sur un essai monotone. σ_0 est la limite d'élasticité initiale, C_R indique la vitesse d'évolution de la contrainte et du taux d'écrouissage et R_{sat} indique le niveau de la contrainte à saturation. La loi de Voce peut être aussi écrite sous la forme algébrique en intégrant l'équation :

$$\sigma_s(\alpha) = \sigma_0 + R_{sat}\left[1 - \exp(-C_R\alpha)\right] \qquad (1.48)$$

1.4.2 Ecrouissage cinématique

Si la fonction de charge f admet la propriété $f(\sigma, 0) = f(-\sigma, 0)$, cette propriété est conservée par l'écrouissage isotrope ; à tout instant on a $f(\sigma, R) = f(-\sigma, R)$ et le critère est dit symétrique. L'écrouissage isotrope n'est donc pas adapté à la description de l'effet Bauschinger [Lemaître et Chaboche 1985]. On est ainsi amené à introduire un écrouissage dit cinématique au travers d'une variable X, qui intervient dans la fonction de charge. L'effet de cette variable est d'opérer une translation de la surface seuil dans l'espace des contraintes (figure 1.4). L'équation générale de la surface de charge est de la forme :

$$f(\sigma, R, X) = \bar{\sigma}(S - X) - R_e \qquad (1.49)$$

La contrainte limite d'écoulement reste constante et égale à la limite d'élasticité R_e.

La loi d'évolution de l'écrouissage cinématique est celle proposée par Armstrong-Frederick [Lemaître et Chaboche (1985)] avec une composante linéaire :

$$\dot{X} = \frac{2}{3} C_0 \dot{\varepsilon}_p - \gamma \dot{\bar{\varepsilon}}_p X \qquad (1.50)$$

Où C_0 est un coefficient de proportionnalité entre la variation temporelle du tenseur d'écrouissage cinématique $\dot{X}$ et le tenseur des vitesses de déformation plastique $\dot{\varepsilon}_p$, $\dot{\bar{\varepsilon}}_p$ est définie comme étant la conjuguée de la contrainte équivalente au sens de la puissance plastique et γ est un paramètre qui introduit le caractère non linéaire de la loi.

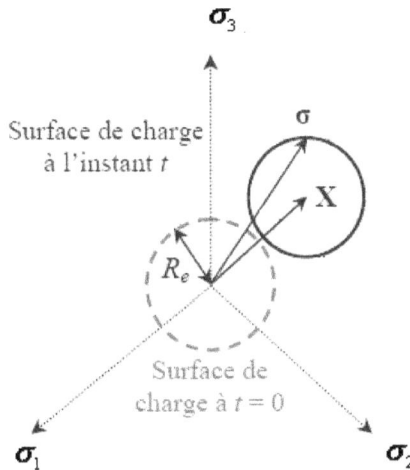

Figure 1.4. Modèle d'écrouissage cinématique [Fayolle 2008]

1.4.3   Ecrouissage combiné

Des modèles superposant l'écrouissage isotrope et l'écrouissage cinématique ont été proposés par Chaboche et par Hughes afin de lever les problèmes induits par les modèles d'écrouissage cinématique pur. L'équation générale de la surface de charge dans le cas où l'écrouissage isotrope et l'écrouissage cinématique coexistent s'écrit :

$$f(\sigma, R, X) = \bar{\sigma}(S - X) - \sigma_0 \qquad (1.51)$$

Ces lois permettent ainsi de généraliser la transformation da la surface de charge dans l'espace des contraintes. La variable X décrit le déplacement du centre de la surface de charge dans l'espace des contraintes tandis que la contrainte limite d'écoulement plastique σ_0 gère la dilatation de la surface d'écoulement.

1.5   Ecoulement plastique

La modélisation présentée est basée sur la décomposition du tenseur vitesse de déformation en une partie élastique et une partie plastique. Cette dernière est calculée par la loi d'écoulement plastique qui fait intervenir le potentiel de déformation plastique.   Etant donné que la déformation plastique correspond à une transformation irréversible du matériau, les lois de la thermodynamique postulent l'existence d'un potentiel dissipatif g dont dérive une relation entre le tenseur taux de déformation plastique et le tenseur de contraintes :

$$\dot{\varepsilon}_p = \dot{\lambda}\frac{\partial g}{\partial \sigma} \tag{1.52}$$

La fonction potentiel g peut prendre la même forme que la fonction de charge f.

On note que le tenseur taux de déformations plastiques est défini suivant la normale au convexe g avec une intensité définie par le multiplicateur plastique $\dot{\lambda}$ ($\dot{\lambda}$ est un scalaire calculé avec la condition de consistance $\dot{f}=0$).

Il est possible de choisir la surface de charge f comme étant le potentiel plastique dissipatif et d'en déduire la loi d'écoulement plastique, dite associée, et définie par :

$$\dot{\varepsilon}_p = \dot{\lambda}\frac{\partial f}{\partial \sigma} \tag{1.53}$$

Dans le cas où le potentiel plastique g diffère de la fonction de charge f, la loi d'écoulement définie par l'équation (1.52) est alors dite non associée.

Nous présentons ici à titre d'exemple, les lois d'évolution plastiques pour le modèle orthotrope quadratique de Hill 1948. Ces lois présentent les modèles avec plasticité associée et non associée [Khalfallah 2004].

1.5.1   Plasticité associée

Dans l'hypothèse de dissipativité normale et dans le cadre des matériaux standard généralisés, il y a existence d'une fonction seuil f qui définit un domaine convexe de plasticité dans l'espace des contraintes.

La loi d'évolution plastique s'écrit :

$$f(\sigma, q) = 0 \tag{1.53}$$

$$\dot{\varepsilon}_p = \lambda\frac{\partial f}{\partial \sigma}; \quad \lambda \geq 0; \quad \lambda f = 0; \quad \lambda \dot{f} = 0 \tag{1.54}$$

Dans un état de contraintes planes et quand f représente la fonction de charge correspondant au critère orthotrope quadratique de Hill, la contrainte équivalente du critère s'écrit :

$$\bar{\sigma}^2 = (G+H)\sigma_{11}^2 - 2H\sigma_{11}\sigma_{22} + (F+H)\sigma_{22}^2 + 2N\sigma_{12}^2 \tag{1.55}$$

1.5.2   Plasticité non associée

Dans le cas de la plasticité non associée, il y a découplage de l'évolution de l'état d'écrouissage et de déformations pendant l'écoulement plastique. Donc, il y a existence d'une fonction potentiel plastique notée g différente de la fonction de charge f.

Le potentiel plastique g dans le cas de l'écrouissage isotrope s'écrit :

$$g(\sigma,q) = \bar{\sigma}_p(\sigma) - q \qquad (1.56)$$

Où $\bar{\sigma}_p$ désigne la contrainte équivalente du potentiel plastique et $q = \sigma_s(\alpha)$, désigne la fonction d'écrouissage isotrope. $\bar{\sigma}_p$ est exprimée sous la forme suivante :

$$\bar{\sigma}_p^2 = (G'+H')\sigma_{11}^2 - 2H'\sigma_{11}\sigma_{22} + (F'+H')\sigma_{22}^2 + 2N'\sigma_{12}^2 \qquad (1.57)$$

Où F', G', H', L', M' et N' sont les constantes de la fonction potentiel plastique qui définissent les coefficients d'anisotropie de cette fonction.

L'expression du coefficient de Lankford r', calculé pour un angles ψ donnée $(0°<\psi<90°)$, est donnée par :

$$r' = \frac{\dot{\varepsilon}_{22/\psi}}{\dot{\varepsilon}_{33/\psi}} = \frac{H'+(2N'-F'-G'-4H')\sin^2\psi\cos^2\psi}{F'\sin^2\psi + G'\cos^2\psi} \qquad (1.58)$$

Dans la pratique, l'angle ψ est pris égal successivement à $0°$, $45°$ et $90°$. Les expressions suivantes pour les coefficients de Lankford sont alors obtenues :

$$r_0 = \frac{H'}{G'} \; ; \qquad r_{90} = \frac{H'}{F'} \; ; \qquad r_{45} = \frac{2N'-F'-G'}{2(F'+G')} \qquad (1.59)$$

1.6   Elastoplasticité en grandes déformations (référentiel tournant)

Comme en petites déformations, la loi de comportement, ou équations constitutives, permet de relier les contraintes aux déformations subies par le matériau. C'est elle qui traduit le comportement physique du matériau. Pour écrire les équations constitutives d'un matériau élastoplastique en grandes déformations, on procède, en premier lieu, par analogie avec les petites perturbations relativement à la décomposition de la transformation.

1.6.1   Référentiel tournant

Les modèles en grandes déformations étant souvent construits par extension des modèles en petites déformations soulèvent un problème d'objectivité. Ils sont écrits dans la configuration eulérienne, ce qui est naturel pour la plasticité isotrope. Si l'on cherche à prendre en compte une anisotropie initiale ou une anisotropie induite le formalisme eulérien pose le problème d'objectivité. En revanche, si l'on considère le formalisme lagrangien, bien qu'il soit objectif, il mène pour des comportements de type fluide à des comportements mécaniques déraisonnables.

L'idée de base consiste alors à utiliser dans la loi de comportement des tenseurs eulériens par leurs valeurs propres et lagrangiens par leurs orientations. Ainsi un tenseur $\mathbb{X}$ se transforme en : $\bar{\mathbb{X}} = \mathbb{Q}^T \mathbb{X} \mathbb{Q}$ $\qquad (1.60)$

avec $\mathbb{Q}$ un tenseur rotation. C'est la formulation en référentiel tournant.

Pour que cette formulation soit objective, il suffit que lorsqu'on superpose une rotation q au tenseur gradient de transformation $\mathbb{F}$, la rotation $\mathbb{Q}$ se transforme en : $\mathbb{Q}' = q\,\mathbb{Q}$ $\qquad (1.61)$

Autrement dit, la rotation $\mathbb{Q}$ doit être un tenseur mixte, de même nature que la rotation propre $\mathbb{R}$.

Un référentiel tournant peut être défini :

- Soit d'une manière purement cinématique, c'est-à-dire le trièdre orthonormé par rapport auquel on effectue la déviation rotationnelle, l'évolution de ce trièdre au cours de la transformation est donnée par la rotation $\mathbb{Q}$ définie par :

$$\dot{\mathbb{Q}} = \mathbb{W}_Q \ \mathbb{Q} \quad \text{et} \quad \mathbb{Q}(t_0) = 1 \tag{1.62}$$

On associe alors un référentiel dit corotationnel à la dérivée de Jaumann et un référentiel dit en rotation propre à la dérivée de Green-Nagdhi.

- Soit en s'appuyant sur des direction matérielles privilégiées de l'élément matériel.

C'est la première définition du référentiel tournant qui est utilisée dans la suite, qui correspond à une définition différentielle du référentiel tournant, qui est explicitée par la donnée d'un tenseur antisymétrique $\tilde{\mathbb{W}}_Q$ objectif tel que :

$$\dot{\mathbb{Q}}\mathbb{Q}^T = \mathbb{W}_Q = \mathbb{W} - \tilde{\mathbb{W}}_Q \tag{1.63}$$

Où $\mathbb{W}$ est le tenseur taux de rotation. Pour $\tilde{\mathbb{W}}_Q = 0$, on retrouve le référentiel corotationnel qui sera utilisé dans la suite. On trouvera dans [Dogui 1989] et [Sidoroff 1982] différents types de référentiels tournants.

Par la suite tout tenseur $\mathbb{X}$ sera utilisé sous une forme tournée $\overline{\mathbb{X}}$ (donné précédemment (1.60)). La barre au dessus du tenseur symbolisera que le tenseur est tourné par la rotation $\mathbb{Q}$ définie par (1.63).

1.6.2 Décomposition de la transformation

Une question qui se pose : comment décomposer la transformation totale en partie élastique et partie plastique en grandes déformations ?

La réponse à cette question est développée dans la référence [Dogui 1989]. En conclusion, on retient deux types de décompositions :

- La première est celle qui suppose qu'un milieu élastoplastique est un milieu élastique par rapport à une configuration mobile dite intermédiaire. Cette hypothèse se traduit par une décomposition multiplicative du tenseur gradient de transformation $\overline{\mathbb{F}}$ en une partie élastique et une partie plastique (figure 1.5):

$$\overline{\mathbb{F}} = \overline{\mathbb{F}}^e \ \overline{\mathbb{F}}^p \tag{1.64}$$

La configuration intermédiaire na sera définie qu'à une rotation près. Alors on choisit une configuration intermédiaire particulière. Une première approche pour surmonter ce problème serait de supposer que le comportement du milieu considéré n'est pas influencé par cette rotation. Cela revient à assurer (cinématiquement) l'indépendance du comportement par rapport à la rotation. C'est l'approche des milieux à configuration intermédiaire. Une deuxième approche consiste à postuler l'existence d'une direction privilégiée pour cette configuration, elle suppose l'existence d'un trièdre directeur lié à l'élément de manière telle que la connaissance de sa position au cours du mouvement permet de préciser l'orientation de celui-ci. C'est l'approche des milieux à configuration naturelle locale.

- La deuxième approche suppose, a priori, une décomposition additive du tenseur vitesse de déformation $\overline{\mathbb{D}}$ en partie élastique et partie plastique

$$\overline{\mathbb{D}} = \overline{\mathbb{D}}^e + \overline{\mathbb{D}}^p \tag{1.65}$$

Et ce en procédant par analogie avec la décomposition de la vitesse de déformation en petites perturbations.

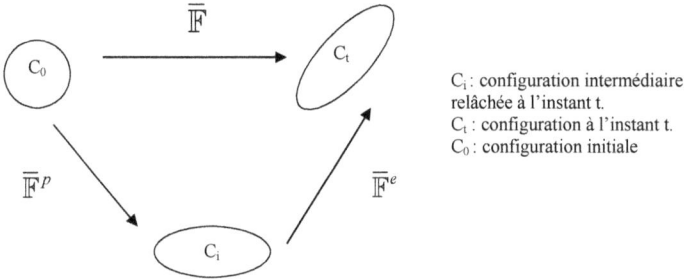

C_i : configuration intermédiaire relâchée à l'instant t.
C_t : configuration à l'instant t.
C_0 : configuration initiale

Figure 1.5. Décomposition de la transformation $\overline{\mathbb{F}} = \overline{\mathbb{F}}^e \ \overline{\mathbb{F}}^p$

Dans la suite, on adoptera la première démarche de décomposition, qui introduit la notion de configuration intermédiaire relâchée déduite de la configuration actuelle C(t) par déchargement élastique.

1.6.3 Comportement élastique

En petites déformations, la loi de comportement élastique s'écrit sous la forme :

$$\sigma = L : \varepsilon^e \tag{1.66}$$

Où L est le tenseur d'élasticité. Egalement, en introduisant l'énergie de déformation ϖ, on peut écrire :

$$\sigma = \frac{\partial \varpi}{\partial \varepsilon^e} \qquad \varpi = \frac{1}{2}\varepsilon^e : L : \varepsilon^e \tag{1.67}$$

Cette loi, caractérisant le comportement élastique, peut être encore écrite sous forme différentielle :

$$\dot{\sigma} = L : \dot{\varepsilon}^e \tag{1.68}$$

Ces trois écritures (1.66), (1.67) et (1.68), strictement équivalentes en petites déformations, conduisent, lorsqu'on les étend aux grandes déformations, à trois modèles différents de comportement qui sont les lois élastique, hypoélastique et hyperélastique.

1.6.4 Comportement plastique

Dans le cas de la plasticité associée, l'expression même de la surface de charge détermine le tenseur taux de déformations plastiques $\overline{\mathbb{D}}^p$. La direction de l'écoulement est donnée par la normale à la surface de charge.

$$\overline{\mathbb{D}}^p = \lambda_p \frac{\partial f}{\partial \overline{\tau}} \tag{1.69}$$

Où λ_p est le multiplicateur plastique obtenu, dans le cas des petites déformations à partir de la condition de consistance $\dot{f} = 0$, et il sera déterminé d'une façon itérative de tel sorte que $f(\lambda_p) = 0$, obligeant le point représentatif de l'état de contrainte à rester sur la surface de charge lors de l'écoulement plastique.

1.6.5 Équations constitutives d'une loi élastoplastique en grandes déformations formulée en référentiel tournant

On trouve dans [Dogui 1989] une formulation des lois de comportement en référentiel tournant pour les cas isotrope et orthotrope qu'on reprend dans la suite.

a. Matériau isotrope

Le critère de plasticité dans le cas d'un matériau isotrope à écrouissage isotrope, s'écrit :

$$f(\overline{\tau}, \overline{\alpha}) = \sqrt{\frac{3}{2} \overline{\tau}^D : \overline{\tau}^D} - R(\overline{\alpha}) \tag{1.70}$$

$$avec \qquad R(\overline{\alpha}) = K \overline{\alpha}^n + \sigma_e \tag{1.71}$$

On en déduit les fonctions constitutives $\mathbb{H}$ *et* l , qui s'écrivent alors :

$$\mathbb{H} = \frac{\partial f(\overline{\tau}, \overline{\alpha})}{\partial \overline{\tau}} = \frac{2}{3} \frac{\overline{\tau}^D}{\sqrt{\frac{3}{2} \overline{\tau}^D : \overline{\tau}^D}} \tag{1.72}$$

$$l = \frac{\partial f(\overline{\tau}, \overline{\alpha})}{\partial(-R(\overline{\alpha}))} = 1 \tag{1.73}$$

La loi de comportement s'écrit, dans ce cas, sous la forme suivante :

$$\mathbb{F} = \overline{\mathbb{F}}^e \, \overline{\mathbb{F}}^p$$
$$\overline{\tau} = L : Ln(\overline{\mathbb{V}}^e) \tag{1.74}$$
$$\overline{\mathbb{D}}^p = \lambda_p \frac{2}{3} \frac{\overline{\tau}^D}{\sqrt{\frac{3}{2} \overline{\tau}^D : \overline{\tau}^D}}$$

$$\dot{\overline{\alpha}} = \lambda_p$$

$$\sqrt{\frac{3}{2} \overline{\tau}^D : \overline{\tau}^D} - R(\overline{\alpha}) \le 0 \tag{1.75}$$

b. Matériau orthotrope

Le critère de plasticité dans le cas d'un matériau orthotrope à écrouissage isotrope, s'écrit :

$$f(\overline{\tau}, \overrightarrow{M_i}, \overline{\alpha}) = f_0(\overline{\tau}, \overrightarrow{M_i}) - R(\overline{\alpha}) \tag{1.76}$$
$$avec \qquad R(\overline{\alpha}) = K \overline{\alpha}^n + \sigma_e$$

$f_0^2(\overline{\tau}, \overrightarrow{M_i}) = F(\overline{\tau}_{22} - \overline{\tau}_{33})^2 + G(\overline{\tau}_{33} - \overline{\tau}_{11})^2 + H(\overline{\tau}_{11} - \overline{\tau}_{22})^2 + 2L\overline{\tau}_{23}^2 + 2M\overline{\tau}_{31}^2 + 2N\overline{\tau}_{12}^2$ F, G, H, L, M et N sont les six paramètres scalaires qui caractérisent l'anisotropie et qui sont déterminés à partir d'un essai de traction hors axes.

τ est le tenseur de contrainte de Kirchoff.

$\overrightarrow{M_i}$ est un repère orthonormé définissant les directions d'orthotropie.

α est la variable d'écrouissage.

On en déduit les fonctions constitutives $\mathbb{H}$ et l , qui s'écrivent alors :

$$\mathbb{H} = \frac{\partial f(\overline{\tau}, \overrightarrow{M_i}, \overline{\alpha})}{\partial \overline{\tau}} = \frac{1}{f_0} \mathbb{Y} \tag{1.77}$$

Avec :

$$\mathbb{Y} = \begin{pmatrix} -G(\overline{\tau}_{33} - \overline{\tau}_{11}) + H(\overline{\tau}_{11} - \overline{\tau}_{22}) & N\overline{\tau}_{12} & M\overline{\tau}_{13} \\ N\overline{\tau}_{12} & F(\overline{\tau}_{22} - \overline{\tau}_{33}) - H(\overline{\tau}_{11} - \overline{\tau}_{22}) & L\overline{\tau}_{23} \\ M\overline{\tau}_{13} & L\overline{\tau}_{23} & -F(\overline{\tau}_{22} - \overline{\tau}_{33}) + G(\overline{\tau}_{33} - \overline{\tau}_{11}) \end{pmatrix}$$

$$l = \frac{\partial f(\overline{\tau}, \overrightarrow{M_i}, \overline{\alpha})}{\partial(-R(\overline{\alpha}))} = 1 \tag{1.78}$$

La loi de comportement s'écrit, dans ce cas, sous la forme suivante :

$$\mathbb{F} = \overline{\mathbb{F}}^e \overline{\mathbb{F}}^p \tag{1.79}$$

$$\overline{\tau} = L : Ln(\overline{\mathbb{V}}^e)$$

$$\overline{\mathbb{D}}^p = \lambda_p \frac{1}{f_0(\overline{\tau}, \overrightarrow{M_i})} \mathbb{Y}$$

$$\dot{\overline{\alpha}} = \lambda_p \tag{1.80}$$

$$f_0(\overline{\tau}, \overrightarrow{M_i}) - R(\overline{\alpha}) \leq 0$$

Avec : $\overline{\mathbb{F}}$ est le tenseur gradient de transformation.

τ est le tenseur de contrainte de Kirchoff.

L est le tenseur d'élasticité.

$\mathbb{V}^e$ est la vitesse de déformations élastiques de Hencky.

1.7   Endommagement ductile

Le principal mécanisme de rupture en formage de tôles par grandes déformations plastiques est celui de la rupture ductile. Ce mécanisme a été largement étudié dans la littérature tant du point de vue métallurgique que numérique. Des observations micrographiques ont montré que l'endommagement ductile des métaux qui conduit à la rupture se décompose en trois étapes (figure 1.6) :

- Nucléation des cavités : on trouve dans la plupart des métaux une quantité importante de défauts microstructuraux, tels que les inclusions ou les joints de grain. Après un certain niveau de déformations plastiques, les microcavités peuvent nucléer principalement aux frontières de certaines inclusions favorablement orientées ou par rupture des inclusions eux mêmes.

- Croissance des cavités : les microcavités se développent dans la matrice plastiquement déformée, sous l'effet de l'état triaxial de contraintes engendrées par le chargement appliqué. Cette croissance, induit généralement un changement de la forme des cavités (anisotropie) ainsi qu'une certaine variation de volume lorsque les cavités augmentent en taille et en nombre. À ce stade les propriétés matérielles (thermiques, élastiques et plastiques) deviennent fortement affectées par la présence de ces cavités. En conséquence, le couplage entre le comportement thermomécanique et les cavités (ou endommagement) ne peut plus être négligé.

- Coalescence des cavités : quand la distance entre les cavités croissantes devient suffisamment petite, de très grandes déformations plastiques sont concentrées dans ces petits ligaments. Ceci induit la création de micro-bandes de cisaillement. Donc il conduit de manière irréversible à la rupture.

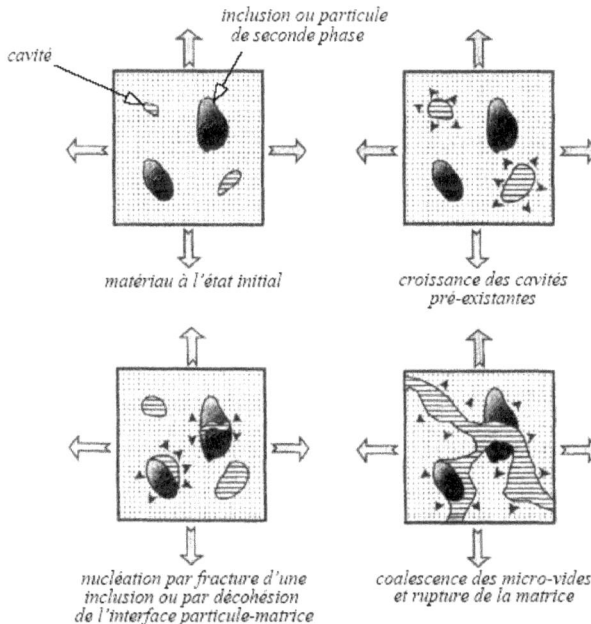

Figure 1. 6. Description du processus de rupture ductile d'un matériau [Czarnota 2006]

1.7.1 Modèle de Lemaître

L'approche proposée par Lemaître en 1985 [Lemaître 1985] est une approche phénoménologique qui consiste à calculer de façon incrémentale un paramètre d'endommagement D en chaque point d'intégration et à introduire ce paramètre au niveau du module d'Young et de la contrainte d'écoulement pour modéliser l'adoucissement progressif du matériau. Si l'on se place dans le cas d'un endommagement isotrope cette variable est alors représentée par un scalaire compris entre 0 (matériau sain) et 1 (matériau complètement endommage). Généralement, la rupture ductile se produit pour une valeur critique $D_c < 1$. On introduit alors la notion de contrainte effective $\tilde{\sigma}$ représentant la contrainte rapportée à la section qui résiste effectivement aux efforts :

$$\tilde{\sigma} = \frac{\sigma}{1-D} \quad ; \quad \tilde{S} = \frac{S}{1-D} \tag{1.81}$$

Où σ représente le tenseur de contraintes et S le tenseur déviateur des contraintes.

Le modèle de Lemaître suppose également l'existence d'un potentiel d'endommagement Φ_D :

$$\Phi_D = \frac{S}{s+1} \frac{1}{(1-D)} \left(-\frac{Y}{S} \right)^{s+1} \tag{1.82}$$

Où S et s sont des paramètres liés à l'endommagement. Y est la variable associée à l'endommagement D.

L'évolution de l'endommagement dérive alors de ce potentiel :

$$\dot{D} = \begin{cases} 0 & si \quad \overline{\varepsilon}_p < \varepsilon_D \\ -\dot{\lambda} \dfrac{\partial \Phi_D}{\partial Y} = \left(\dfrac{-Y}{S} \right)^s \dot{\overline{\varepsilon}}_p & si \quad \overline{\varepsilon}_p > \varepsilon_D \end{cases} \tag{1.83}$$

Où $\dot{\lambda}$ représente le multiplicateur plastique et $\overline{\varepsilon}_p$ la déformation plastique équivalente. Le paramètre ε_D permet de prendre en compte le début de l'endommagement à partir d'un certain seuil de déformation plastique équivalente. Y correspond à la variable force associée à l'endommagement et est donnée par la relation suivante :

$$Y = -\frac{1}{2E(1-D)^2} \left[(1+\nu)\sigma : \sigma - \nu(tr\sigma)^2 \right] \tag{1.84}$$

Où E et ν sont respectivement le module d'Young et le coefficient de Poisson du matériau non endommagé.

1.7.2 Modèle de Gurson-Tvergaard-Needleman

L'approche proposée initialement par Gurson en 1977 [Gurson 1977] et reprise par Tvergaard et Needleman en 1990 [Tvergaard 1990] consiste à définir un potentiel élastoplastique endommageable dépendant de la pression hydrostatique p et basé sur la fraction de porosités dans le matériau f^*. Ce potentiel peut s'exprimer de la manière suivante :

$$\Phi = \left(\frac{\sigma_{eq}}{\sigma_0} \right) + 2q_1 f^*(f) \cosh \left(\frac{-3q_2 p}{\sigma_0} \right) - \left(1 + q_3 f^{*^2}(f) \right) \tag{1.85}$$

Où q_1, q_2 et q_3 sont des constantes dépendant du matériau. Pour les matériaux ductiles, la rupture finale intervient par coalescence des cavités ou microfissures. Afin de modéliser cette rupture, on définit une fraction volumique à rupture f_F et on définit alors l'évolution de la fonction f^* de la manière suivante :

$$f^* = \begin{cases} f & si \quad f \le f_c \\ f_c + \dfrac{f_u - f_c}{f_F - f_c} (f - f_c) & si \quad f > f_c \end{cases} \tag{1.86}$$

Où f_c et f_u sont des constantes du matériau permettant de caractériser la coalescence des micro-cavités. L'évolution de ces cavités est ensuite gérée par une loi permettant de prendre en compte à la fois les phases de croissance puis de nucléation. On considère que la croissance est contrôlée par la vitesse de déformation plastique, et la nucléation dépend à la fois de la déformation plastique [Chu et Needleman 1990] et du cisaillement [Croix 2002].

$$\dot{f}=\dot{f}_{croissance}+\dot{f}_{nucleation}+\dot{f}_{cisaillement}\begin{cases} \dot{f}_{croissance}=(1-f)\dot{\varepsilon}_v \\[2mm] \dot{f}_{nucleation}=\dfrac{f_N}{S_N\sqrt{2\pi}}\exp\left[-\dfrac{1}{2}\left(\dfrac{\bar{\varepsilon}_p-\varepsilon_N}{S_N}\right)^2\right]\dot{\bar{\varepsilon}}_p \\[3mm] \dot{f}_{cisaillement}=\dfrac{f_c}{S_c\sqrt{2\pi}}\exp\left[-\dfrac{1}{2}\left(\dfrac{\bar{\varepsilon}_{xy}-\varepsilon_c}{S_c}\right)^2\right]\dot{\varepsilon}_{xy} \end{cases} \qquad (1.87)$$

Où $\dot{\varepsilon}_v$ représente la partie volumique de la vitesse de déformation, f_N et f_C sont respectivement la fraction volumique de microcavités nucléées par déformation plastique et par cisaillement, S_N et S_c représentent l'écart type des distributions normales de Gauss. ε_N et ε_c sont respectivement la déformation plastique moyenne et la déformation tangentielle pour lesquelles les gaussiennes sont maximales et ε_{xy} et $\dot{\varepsilon}_{xy}$ caractérisent la déformation et la vitesse de déformation tangentielle.

1.8 Conclusions

Nous avons présenté dans ce chapitre, la formulation des lois de comportement élastoplastiques dans le cadre des petites et des grandes déformations. Ce dernier cadre est le plus adopté dans les procédés de mise en forme. Il est nécessaire pour tenir compte de la nature et de l'anisotropie des matériaux. Ensuite, nous avons réalisé une synthèse sur les critères de plasticité les plus utilisés pour prédire le comportement des matériaux anisotropes. Nous avons présenté en particulier, les critères de plasticité isotropes et orthotropes, quadratiques et non quadratique avec des lois d'écoulement associée et non associée. Le phénomène d'endommagement ainsi que les principaux modèles qui le décrivent sont par la suite présentés.

Il n'est pas toujours facile de trouver la bonne loi qui décrit le comportement d'un matériau donné. Ce qui explique les recherches toujours d'actualités sur les lois de comportement et en particulier sur les critères ; des critères très récents témoignent de cette activité.

Chapitre 2
Méthodes d'optimisation

2.1 Introduction

L'estimation de paramètres des modèles constitutifs pour décrire, avec précision, le comportement du matériau est une étape importante pour la simulation numérique des procédés de mise en forme [Love et Batra 2005, Lee et al. 2005, Bocciarelli et al. 2005, Abedrabbo et al. 2006, Ponthot et Kleidermann 2006]. La complexité de cette étape augmente avec la complexité du modèle de comportement lui-même. Cependant la difficulté du processus (estimation de paramètres) et le développement de procédures efficaces pour la caractérisation de ce modèle sont fondamentaux pour l'utilité pratique du modèle [Saleeb et al. 2001].

La détermination des paramètres devrait être toujours exécutée en confrontant des résultats mathématiques et expérimentaux [Kajberg et al. 2004, Huang et al. 2005, Huang et Huang 2007, Haddadi et al. 2006 et Khan et al. 2006]. Cependant, du moment où le nombre de paramètres et des essais expérimentaux augmente, il est difficile d'identifier les paramètres d'une façon précise. Dans ces cas, il est nécessaire de résoudre le problème en utilisant des formulations inverses. Cette approche mène souvent à la résolution de problèmes d'optimisation non linéaires [Cailletaud et Pilvin 1994].

Le succès des méthodes inverses repose en effet sur une estimation fiable et précise du problème direct. Ceci explique leurs apparitions tardives et leurs développements avec l'avènement des méthodes des éléments finis. En dehors de l'optimisation de forme, ces méthodes ont connu un large succès en identification de paramètres [Khalfallah et al. 2002].

Les problèmes inverses peuvent être répartis en deux catégories :

- Les problèmes « bien posés » sont ceux qui, pour toute mesure M, admettent une solution unique P continue par rapport à M ; ils sont généralement résolus (de manière exacte ou approchée) par des méthodes mathématiques classiques.

- Les problèmes « mal posés », c'est-à-dire pour lesquels l'existence, l'unicité et la continuité de la solution par rapport aux mesures ne sont pas toutes vérifiées. D'un point de vue physique, cela signifie qu'une mesure M, compte tenu de la plage d'incertitude qui l'accompagne, peut correspondre à un grand nombre de valeurs P, ces dernières pouvant être fort éloignées les unes des autres.

Le problème qui nous occupera dans les chapitres qui suivent, est l'identification des paramètres du modèle de comportement proposé. Celle-ci consiste à calculer les valeurs de ces paramètres qui fournissent le meilleur modèle possible, c'est-à-dire qui conduit à un écart minimum entre le résultat obtenu par l'expérience et celui fourni par sa simulation. Le problème d'identification est souvent formulé en termes de problème d'optimisation.

En effet, nous allons présenter dans ce chapitre une formulation générale d'un problème d'optimisation et une description de quelques méthodes d'optimisation classiquement utilisées, ainsi que des méthodes récentes telles que les algorithmes génétiques, les réseaux de neurones et les surfaces de réponses. En plus de ça nous allons montrer une étude bibliographique sur les applications de ces méthodes.

Un problème d'optimisation peut généralement être présenté comme suit:

$$\begin{cases} Minimiser\,\Phi(\mu) \\ c_i(\mu) \le 0 \quad \forall i = 1,...,m_i \\ h_i(\mu) = 0 \quad \forall i = 1,...,m_e \\ \mu \in \Re^n \end{cases} \qquad (2.2)$$

$\Phi(\mu)$ représente la fonction coût, qui peut être une combinaison de plusieurs critères; $c_i(\mu)$ et $h_i(\mu)$ désignent les contraintes d'inégalité et d'égalité auxquelles est soumis le vecteur des paramètres à optimiser μ.

Les résultats obtenus avec les méthodes à base de gradient sont fortement dépendants du jeu de paramètres initiaux. Bien que celles-ci soient des méthodes objectives, elles devraient être utilisées à plusieurs reprises avec des paramètres initiaux différents pour réduire au minimum la possibilité d'atteindre des maximums ou des minimums locaux. Cette dernière (à base de gradient) est une légère modification de la méthode de Newton-Raphson classique et elle est souvent utilisée pour augmenter la convergence de l'algorithme [Cailletaud et Pilvin 1994, Rouquette et al. 2007].

D'autres méthodes de gradient ont aussi été utilisées avec succès dans des processus d'optimisation. A titre d'exemple on cite, les méthodes d'optimisation classiques, comme le gradient conjugué ou BFGS et les méthodes d'approximation convexes et les méthodes de Programmation Quadratique Séquentielle SQP. La Programmation Linéaire Séquentielle SLP est aussi utilisée dans des problèmes d'optimisation [Lamberti et Pappalettere 2000] mais son efficacité est très inférieure à l'efficacité des méthodes mentionnées ci-dessus.

Ghouati et al. [Ghouati et Gelin 2001] et Cooreman et al. [Cooreman et al. 2007] ont largement utilisé ces techniques d'identification inverse pour déterminer les paramètres de comportement viscoplastiques d'alliages d'aluminium et les paramètres élastoplastique d'un acier. Toshio et Yu [Toshio et Yu 2007] ont utilisé aussi ces méthodes pour identifier les paramètres d'écrouissage et du critère de plasticité.

Les algorithmes évolutionnaires (EA), qui ont été nommé pour représenter les algorithmes génétiques (GA), les stratégies de programmation évolutionnaire et leurs algorithmes combinés, sont des techniques d'optimisation robustes [Furukawa et al. 2002, Qu et al. 2005]. Les algorithmes évolutionnaires sont les techniques de recherche et d'optimisation proposée par John Holland et inspirés dans le processus d'évolution par la sélection naturelle suggérée par Darwin. EAs sont basés sur le processus d'étude collectif dans une population d'individus, dont chacun représente un point de recherche dans l'espace des solutions potentielles d'un problème donné. De nos jours, ces algorithmes sont souvent utilisés dans la résolution des problèmes de structures et dans la caractérisation de modèles constitutifs [Lagaros et al. 2005, Jiménez et al. 2006, Chaparro et al. 2008] et montrent leurs performances à donner de bons résultats.

Jie et al. [Jie et al. 2008] ont identifié les paramètres d'un modèle superplastique en utilisant un couplage entre les AGs et les méthodes inverses d'identification (Gauss Newton et Levenberg-Marquardt).

D'autres méthodes et techniques ont été aussi utilisés dans des processus d'optimisation complexes comme, par exemple, les réseaux de neurones artificiels RNA [Lefik et Schrefler 2002, Al Haik et al. 2006, Hambli et al. 2006, Chamekh et al. 2006] qui ont été largement répondus dans de nombreuses applications dans les domaines d'intelligence artificielle, de traitement de signal, de modélisation des structures, et de robotique...

Cette technique mathématique est particulièrement utile pour décrire des problèmes fortement non linéaires en raison de la capacité d'apprendre par des exemples. Les RNA sont fréquemment appliqués dans plusieurs activités industrielles. Ils sont utilisés pour la modélisation des lois de comportement pour différents matériaux [Pernot et Lamarque 1999, Chamekh et al. 2006]. Huber et al. [Huber et al. 2001] ont montré qu'un RNA bien conçu pourrait être employé, avec succès, comme outil pour l'identification des paramètres élastiques et plastiques de la matière lors d'un essai d'indentation des films minces. De nouvelles méthodes utilisant les RNA pour la modélisation de la nano indentation ont été traitées par Muliana et al. [Muliana et al. 2002].

Abendroth et al. [Abendroth et al. 2006] ont déterminé les paramètres d'endommagement en utilisant les RNA.

Bassir et al. [Bassir et al. 2008] ont utilisé une méthode hybride basée sur les réseaux de neurones et les AGs pour identifier un modèle de comportement non linéaire d'un matériau composite.

2.2 Méthodes à direction de descente

Dans cette section, nous introduisons une classe importante d'algorithmes de résolution des problèmes d'optimisation : les algorithmes à direction de descente. Ce sont des algorithmes qui ont obligatoirement besoin de l'information du gradient des fonctions coût pour chercher l'optimum du problème. Leur utilisation nécessite que la fonction coût soit au moins une fois différentiable par rapport aux paramètres à optimiser. Nous en décrirons, dans la première partie de cette section, les principes généraux.

La formulation de cette catégorie d'algorithmes est la suivante :

Supposons que la fonction Φ est continue et différentiable dans tout l'espace de recherche. Nous notons $\nabla\Phi(\mu)$ et $\nabla^2\Phi(\mu)$ respectivement le vecteur gradient et la matrice Hessienne de la fonction coût $\Phi(\mu)$ en μ. La condition nécessaire d'optimalité du problème d'optimisation (2.2) s'écrit :

$$\nabla\Phi(\mu) = 0 \tag{2.3}$$

Lorsque la fonction coût $\Phi(\mu)$ est deux fois différentiable, on peut écrire une condition suffisante d'optimalité :

$$\begin{cases} \nabla\Phi(\mu)=0 \\ \nabla^2\Phi(\mu)\,\text{définie}\quad \text{positive} \end{cases} \tag{2.4}$$

Les méthodes à direction de descente ont pour objectif de calculer un vecteur μ satisfaisant la condition nécessaire d'optimalité (2.3).

2.2.1 Méthode de la plus grande pente

Il s'agit de la méthode à direction de descente d'ordre 1 la plus simple. La direction normalisée d de plus forte décroissance de Φ au voisinage d'un point μ est donnée par :

$$d = -\frac{\nabla\Phi(\mu)}{\left\|\nabla\Phi(\mu)\right\|} \tag{2.5}$$

La méthode du gradient est facile à mettre en oeuvre. Cependant, sa convergence peut être très lente. Loin de la solution, cette direction est une bonne direction de descente. En revanche, dans le voisinage d'une solution optimale μ^* du problème, là où les termes du second ordre de $\Phi(\mu)$ en μ^* jouent un rôle plus important, on observe une diminution très lente de Φ. Cela est son défaut majeur. Il existe des techniques d'accélération permettant de palier à cet inconvénient. Néanmoins, elles sont fort coûteuses et peu utilisées. Dans le domaine de mise en forme, Jensen et al. [Jensen et al. 1998] se sont servis de cette méthode pour la minimisation de l'usure en emboutissage.

2.2.2 Méthode du gradient conjugué

L'algorithme du gradient conjugué peut être vu comme une légère modification de l'algorithme de la plus forte pente, pour lequel on garde en mémoire la direction de descente de l'itération précédente. La direction de descente est donnée par :

$$d^k = \begin{cases} -\nabla\Phi(\mu^1) & si \quad k=1 \\ -\nabla\Phi(\mu^k)+\beta^{k-1}d^{k-1} & si \quad k\geq 2 \end{cases} \tag{2.6}$$

Le scalaire β^k peut prendre différentes valeurs, ce qui donne à l'algorithme des propriétés différentes. Nous présentons ici les deux méthodes qui sont très fréquemment citées dans la littérature. Elles calculent β^k par les formules suivantes :
- Méthode de Fletcher-Reeves:

$$\beta^k = \frac{\left\|\nabla\Phi(\mu^k)\right\|^2}{\left\|\nabla\Phi(\mu^{k-1})\right\|^2} \tag{2.7}$$

- Méthode de Polak-Ribière :

$$\beta^k = \frac{\left[\nabla\Phi(\mu^k)-\nabla\Phi(\mu^{k-1})\right]^T \nabla\Phi(\mu^k)}{\left\|\nabla\Phi(\mu^{k-1})\right\|^2} \tag{2.8}$$

Cet algorithme est proposé à l'origine pour la minimisation de fonctions quadratiques, puis il est étendu à des fonctions quelconques dans Fletcher-Reeves. Néanmoins, il cumule les erreurs d'arrondi, la convergence n'est alors assurée que si l'on procède à des réinitialisations périodiques. Zabaras et Kang [Zabaras et Kang 1995] ont utilisé cette méthode pour l'optimisation du flux de chaleur en solidification.

2.2.3 Méthode de Newton

L'algorithme général de Newton est une méthode de résolution de systèmes d'équations non linéaires. Dans le cadre de l'optimisation, il est utilisé comme un algorithme de direction de descente sur la condition nécessaire d'optimalité (2.3).

Pour décrire cet algorithme, nous considérons l'approximation quadratique $Q(\mu)$ de $\Phi(\mu)$ au voisinage d'un point μ^k à l'itération k:

$$Q(\mu) = \Phi(\mu^k) + \nabla\Phi(\mu^k)(\mu - \mu^k) + \frac{1}{2}(\mu - \mu^k)^t \nabla^2\Phi(\mu^k)(\mu - \mu^k) \qquad (2.9)$$

On choisit alors μ^{k+1} qui minimise Q. Il est défini par la condition d'optimalité (2.3) ce qui conduit au système linéaire suivant pour déterminer la direction de descente d^k:

$$d^k = -\left[\nabla^2\Phi(\mu^k)\right]^{-1} \nabla\Phi(\mu^k) \qquad (2.10)$$

Cette méthode est reconnue comme une des plus efficaces dans la famille des algorithmes à direction de descente. Sa principale difficulté réside dans le calcul des dérivées secondes de Φ qui s'avère le plus souvent coûteux et difficile à réaliser.

Plusieurs algorithmes proposent de lever cette difficulté en utilisant une approximation de la matrice Hessienne. On peut mentionner le cas particulier où Φ peut s'écrire sous forme de moindres carrés. On obtient alors une approximation du Hessien en ne considérant que les produits des gradients. Cette approximation, qui est à la base des algorithmes de Quasi-Newton ou Levenberg-Marquardt, est largement utilisée en identification de paramètres rhéologiques [Gavrus 1996, Forestier et al. 2002].

2.2.4 Méthode de Quasi-Newton

L'idée des méthodes de Quasi-Newton est de remplacer la matrice Hessienne $\nabla^2\Phi(\mu)$ (ou son inverse) par une approximation mise à jour itérativement. La direction de descente s'écrit:

$$d^k = -\left[H^k\right]^{-1} \nabla\Phi(\mu^k) \qquad (2.11)$$

Où la matrice H^k doit converger vers la matrice Hessienne lorsqu'on s'approche de l'optimum. Pour tout k, la matrice H^k doit vérifier plusieurs conditions. D'une part, elle doit être symétrique et définie positive. D'autre part, on impose à la matrice H^{k+1} de vérifier la relation de quasi-Newton suivante :

$$\nabla\Phi(\mu^{k+1}) - \nabla\Phi(\mu^k) = H^{k+1}(\mu^{k+1} - \mu^k) \qquad (2.12)$$

Plusieurs méthodes pour construire la suite H^k ont été proposées. Les deux méthodes les plus connues sont de rang 2, celle DFP de Davidon-Fletcher-Powell et celle BFGS. Pour un problème d'extrusion, Kusiak et Thompson [Kusiak et Thompson 1989] ont montré l'efficacité des méthodes de quasi-Newton en comparant une méthode DFP, un algorithme de plus forte pente et une méthode d'ordre 0 le simplex. Avec de nombreuses utilisations comme dans Noiret [Noiret et al. 1996] et Zhao [Zhao et al. 1997], la méthode BFGS semble la plus adaptée aux problèmes d'optimisation en mise en forme.

Le principe de deux techniques (DFP et BFGS) est basé sur une actualisation au cours des itérations de la forme :

$$H^k = H^{k-1} + \frac{(y^{k-1} - H^{k-1}d_{k-1})d_{k-1}^T}{d_{k-1}^T d_{k-1}} \qquad (2.13)$$

Avec :
$$d_{k-1} = \mu^k - \mu^k$$
$$y_{k-1} = \nabla\Phi(\mu^k) - \nabla\Phi(\mu^{k-1})$$

2.2.5   Méthode de Levenberg-Marquardt

Cette méthode est très proche de la méthode de Newton décrite précédemment. La seule différence réside dans l'introduction d'un paramètre λ, appelé paramètre de Levenberg-Marquardt, permettant de stabiliser la méthode de Newton. Ce paramètre est actualisé automatiquement en fonction de la convergence de chaque itération. Une stabilisation est possible grâce à un procédé réitératif (si une itération diverge, on la recommence au départ en augmentant le paramètre λ jusqu'à obtenir une itération convergente). Cependant, le phénomène de divergence forte lorsqu'on s'approche de l'optimum, inhérente à la méthode de Newton, n'est en rien supprimé ici. Tout au plus, la divergence peut être réduite. Il en résulte que, comme la méthode de Newton, il est conseillé de passer automatiquement à la méthode du gradient conjugué lorsque ce phénomène de divergence apparaît.

2.3   Méthodes d'ordre 0 et algorithmes de minimisation globale

Les méthodes d'ordre 0 ne nécessitent pas le calcul du gradient de la fonction coût. Les algorithmes les plus connus de cette catégorie sont ceux qui s'inspirent de la nature, tels que les algorithmes évolutionnaires, l'algorithme du recuit simulé, l'algorithme de la colonie des fourmis, la méthode de recherche aléatoire, la méthode du simplex, les méthodes des surfaces de réponse. La plupart de ces algorithmes sont des méthodes d'optimisation globales, sauf celui du simplex.

Avec ce type d'algorithmes, on cherche à générer un ou plusieurs nouveaux points, plus proches de l'optimum, uniquement à partir de la connaissance de la valeur de la fonction coût Φ d'un ou plusieurs points de l'espace des paramètres.

2.3.1   Algorithmes évolutionnaires : Algorithmes Génétiques

Les Algorithmes Génétiques (AG) appartiennent à la famille des algorithmes évolutionnistes (un sous-ensemble des méta-heuristiques). Leur but est d'obtenir une solution approchée, en un temps correct, à un problème d'optimisation, lorsqu'il n'existe pas (ou qu'on ne connaît pas) de méthode exacte pour le résoudre en un temps raisonnable ([Goldberg 1989]et [He et McPhee 2002]). Les algorithmes génétiques utilisent la notion de sélection naturelle développée au XIXe siècle par le scientifique Darwin et l'appliquent à une population de solutions potentielles au problème donné. On se rapproche par "bonds" successifs d'une solution, comme dans une procédure de séparation et évaluation, à ceci près que ce sont des formules qui sont recherchées et non plus directement des valeurs.

Les AG sont des algorithmes s'appuyant sur des techniques dérivées de la génétique et de l'évolution naturelle : sélection, mutations, croisements, réinsertion ([Koza 1994] et [Bus 2001]).

Un algorithme génétique recherche le ou les extrema d'une fonction définie sur un espace de données. Pour l'utiliser, on doit disposer des cinq éléments suivants:

➢ Un principe de codage de l'élément de population. Cette étape associe à chacun des points de l'espace d'état une structure de données. Elle se place généralement après une phase de modélisation mathématique du problème traité. La qualité du codage des données conditionne le succès des algorithmes génétiques. Les codages binaires ont été très utilisés à l'origine. Les codages réels sont désormais largement utilisés, notamment dans les domaines applicatifs pour l'optimisation de problèmes à variables réelles.

➢ Un mécanisme de génération de la population initiale. Ce mécanisme doit être capable de produire une population d'individus non homogène qui servira de base pour les générations futures. Le choix de la population initiale est important car il peut rendre plus ou moins rapide la convergence vers l'optimum global. Dans le cas où l'on ne connaît rien du problème à résoudre, il est essentiel que la population initiale soit répartie sur tout le domaine de recherche.

➢ Une fonction à optimiser appelée « fitness » ou «fonction d'évaluation» de l'individu.

➢ Des opérateurs permettant de diversifier la population au cours des générations et d'explorer l'espace d'état. L'opérateur de croisement recompose les gènes d'individus existant dans la population, l'opérateur de mutation a pour but de garantir l'exploration de l'espace d'états.

➢ Des paramètres de dimensionnement : taille de la population, nombre total de générations ou critère d'arrêt, probabilités d'application des opérateurs de croisement et de mutation.

La figure 2.1 présente le principe général de l'algorithme génétique :

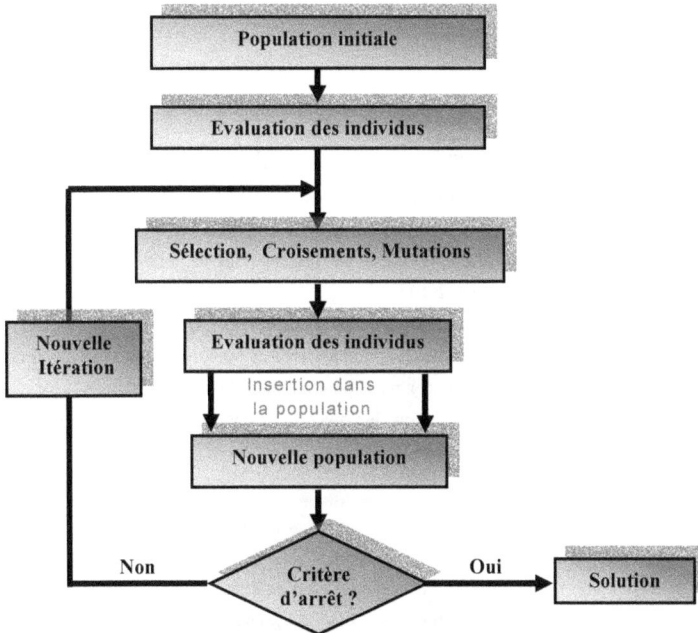

Figure 2.1. Principe général de l'algorithme génétique

2.3.2 Plans d'expériences

A l'origine, les plans d'expériences sont crées pour s'appliquer à l'expérimentation. Grâce à eux, l'expérimentateur peut répondre aux questions « comment sélectionner les expériences à faire, quelle est la meilleure stratégie » pour :

- Aboutir le plus rapidement possible aux résultats espérés avec une bonne précision, en évitant des expériences inutiles
- Conduire à la modélisation et à l'optimisation des phénomènes étudiés.

Une littérature abondante existe sur les plans d'expériences, mais dans le cas d'expérimentation numérique, tous les aspects liés aux erreurs de mesure sont sans objet.

Lors des études multiparamétriques, les stratégies pour mener des expérimentations sont souvent informelles et peu performantes. Elles conduisent en général à de nombreux essais inutiles et à un volume de résultats difficile à exploiter. La méthode des plans d'expériences permet de tirer d'un nombre d'essais donné, le maximum d'informations pertinentes concernant l'influence des facteurs. Le principe de la méthode consiste à ne pas étudier tous les points expérimentaux, mais seulement certains points choisis pour leur particularité d'orthogonalité [Bahloul 2005]. Cette méthode permet d'établir un plan d'expérimentation comportant le minimum d'expériences compte tenu des résultats recherchés tout en apportant le maximum de précision. Elle offre ainsi la possibilité de quantifier et de hiérarchiser les effets d'un grand nombre de paramètres du système étudié. La performance qu'on cherche à atteindre est caractérisée par une ou plusieurs réponses et on peut se demander quels sont les paramètres responsables des variations observées ?

Ce type de problème peut être schématisé par une boite noire.

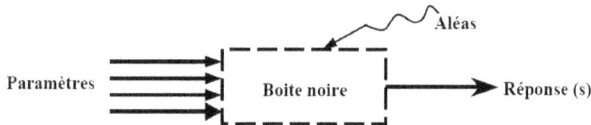

Un plan d'expériences peut être utilisé comme une étape préliminaire à l'optimisation et a, alors, pour objectif le choix des variables à optimiser et des fonctions à prendre en compte dans une formulation mathématique classique pour résoudre le problème par une méthode de gradient ou par une méthode a exploration directe par exemple [Goupy 2001].

On distingue essentiellement les plans d'expériences suivants:

- Plans factoriels complets: Toutes les combinaisons des niveaux de facteurs sont présentes.
- Plans de modélisation (optimaux): plans pour surfaces de réponse
- Plans factoriels fractionnaires: Tous les niveaux de chaque facteur sont présents, mais pas toutes les combinaisons possibles de facteurs.

a. Plans factoriels complets

Les plans factoriels (à 2 ou plusieurs niveaux) sont des plans expérimentaux très intuitifs dans la mesure où ils correspondent à des combinaisons des valeurs maximales et minimales de chaque paramètre. D'un point de vue numérique, ces plans sont très simples à implémenter et sont peu coûteux, ils peuvent être utilisés dans des procédures impliquant un grand nombre de paramètres. Néanmoins, ces plans présentent un inconvénient de taille car ils ne permettent pas de prospecter tout l'intervalle de conception (les bornes uniquement). Or ceci est indispensable dans un contexte industriel. La figure 2.3 ci dessous représente un plan factoriel complet 3^3 permet 3 niveaux par facteur.

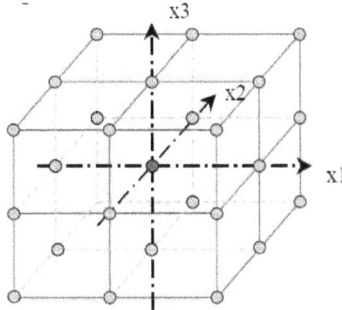

Figure 2.2. Plan factoriel complet 3^3

b. Plans optimaux

Les plans optimaux se distinguent des plans classiques par leur plus grande souplesse de construction qui permet de les adapter au système étudié et à ses contraintes. Ces plans sont souvent utilisés lorsque le nombre des essais est assez important. Ainsi on impose un nombre d'expériences et l'algorithme de calcul des plans optimaux conserve, pour un modèle donné, les meilleurs points. De plus, les plans optimaux ne son pas 'figés'. En effet, si on constate que des essais ne sont pas réalisables, ceux-ci peuvent être modifiés et remplacés par d'autres qui tiennent compte des exigences du système; en effet, il existe souvent des contraintes qui interdisent la réalisation de toutes les expériences du domaine de l'étude [Box et al. 1978].

• **Plans composites**

Un plan composite est constitué de trois parties :
- Un plan factoriel à deux niveaux par facteurs.
- Au moins un point expérimental situé au centre du domaine d'étude.
- Des points axiaux. Ces points expérimentaux sont situés sur les axes de chacun des facteurs.

La figure 2.4 représente un plan composite pour deux facteurs. Les points A, B, C et D sont les points expérimentaux d'un plan 2^2. Le point E est le point central. Ce point peut avoir été répliqué une ou plusieurs fois. Les points F, G, H et I sont les points axiaux. Ces quatre derniers points forment ce que l'on appelle le plan en étoile.

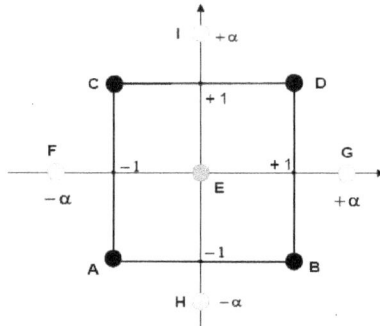

Figure 2.3. Plan composite pour deux facteurs

Les plans composites prennent facilement la suite d'un premier plan factoriel dont les résultats sont insuffisamment expliqués par un modèle du premier degré. Il suffit d'effectuer les expériences correspondant aux points en étoile et de faire les calculs sur l'ensemble de toutes les expériences. Les plans composites sont parfaitement adaptés à une acquisition progressive des résultats.

- **Plans de Box-Behnken**

Les points expérimentaux sont au milieu des arêtes de chacun des côtés du cube (figure 2.5). Ce plan comporte douze essais auxquels on peut ajouter un (ou plusieurs) point central. Dans la pratique on réalise souvent 3 ou 4 points au centre.

Les plans de Box-Behnken répondent à un critère d'optimisation particulier : l'erreur de prévision des réponses est la même pour tous les points d'une sphère (ou une hyper sphère) centrée à l'origine du domaine expérimental. C'est le critère d'isovariance par rotation. Le plus connu des plans de Box-Behnken est celui qui permet d'étudier trois facteurs.

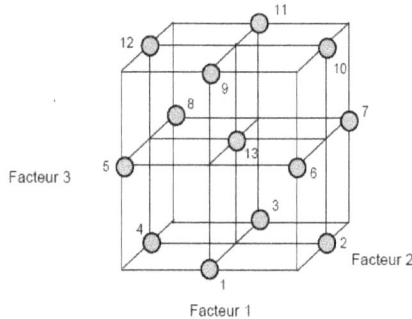

Figure 2.4. Plan de Box-Behnken pour trois facteurs

- **Plans de Plackett-Burmann**

Les matrices de calcul des plans de Plackett-Burman sont des matrices d'Hadamard. C'est-à-dire des matrices ayant 4, 8, 12, 16, 20, 24, 28, 32, 36 lignes etc. Elles permettent donc des expérimentations ayant un nombre d'essais intermédiaire de celui des plans factoriels qui, eux, ont seulement 2^k lignes (4, 8, 16, 32, etc.).

2.3.3 Méthodes des surfaces de réponse

Le plus souvent les méthodes des surfaces de réponse sont des méthodes d'optimisation basées sur les plans d'expériences. Dans le domaine d'optimisation numérique, ces plans d'expériences peuvent être utilisés comme des supports ou des étapes préliminaires à l'optimisation par ces méthodes. Grâce au plan d'expériences, nous pouvons éviter les évaluations de la fonction coût inutiles et économiser le temps de résolution. Le principe des méthodes d'optimisation par surface de réponse consiste à remplacer la résolution du problème d'optimisation réel par celle de problèmes approchés. Le schéma général de la résolution du problème d'optimisation par les méthodes des surfaces de réponse est présenté sur la figure 2.2. Grâce à une base de données composée de plusieurs points (solutions) déjà évalués, on calcul la fonction Φ (ainsi que les contraintes et le gradient) sur l'espace des paramètres d'optimisation par des fonctions mathématiques. Ces approximations conduisent donc au problème d'optimisation approché:

$$\begin{cases} Minimiser\,\Phi^{appr}(p) \\ c_i^{appr}(p) \le 0 & \forall i = 1,...,m_i \\ h_i^{appr}(p) = 0 & \forall i = 1,...,m_e \\ p \in \Re^n \end{cases} \tag{2.18}$$

Le problème d'optimisation approché (2.18) pourrait être résolu avec tous les types d'algorithmes d'optimisation comme ceux à direction de descente, les algorithmes évolutionnaires, les algorithmes hybrides, etc. Quelque soit l'algorithme retenu, le temps de la résolution du problème (2.18) est négligeable devant le celui de la résolution du problème réel (en une milliseconde, les ordinateurs peuvent réaliser facilement mille évaluations de la fonction coût ainsi que des contraintes et le gradient du problème approché). La création de la base de données initiale ou l'échantillonnage (Design of Experiments – DOE en anglais) et la méthode pour rapprocher la fonction objectif sont les éléments principaux qui caractérisent les méthodes des surfaces de réponse. La qualité des solutions obtenues est en grande partie fonction de ces éléments. Une description détaillée des plans d'expériences et les méthodes d'approximation est décrite dans l'ouvrage [Myers et Montgomery 2002].

Dans le domaine de la mise en forme, les méthodes des surfaces de réponse ont été employées pour résoudre différents problèmes d'optimisation.

Résolution du problème d'optimisation réel

Création d'une base de données
initiale = Plan d'expériences

Base de données actualisée

Détermination d'une méthode
d'approximation de la fonction coût

Remplacement du problème
d'optimisation réel
= Problème d'optimisation approché

Résolution du problème
d'optimisation approché

Solution(s) approchée(s)

Evaluation exacte de la (des)
Solution(s) approchée(s)

Actualisation de la base de données
(si nécessaire)

NON   Critères d'arrêt vérifiés?   OUI

Extraction de
la (des)
solution(s)

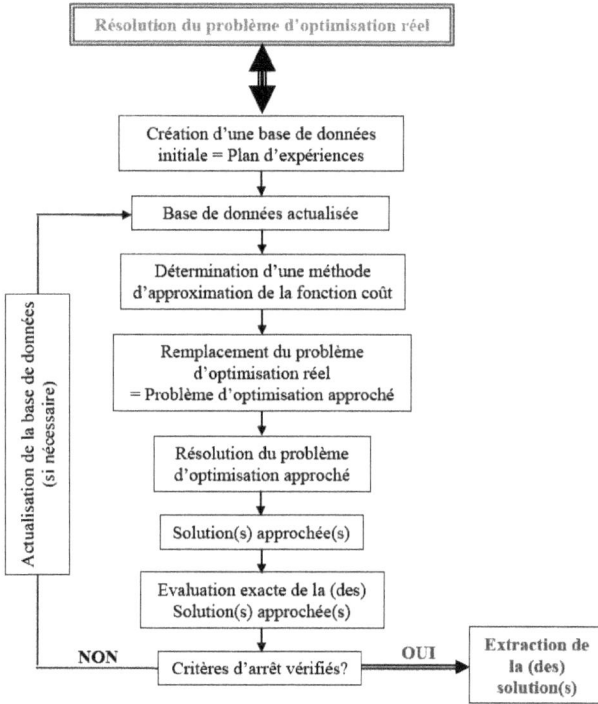

Figure 2.5. Résolution d'un problème d'optimisation par la méthode des surfaces de réponse

Pour l'optimisation des procédés de mise en forme des métaux, Bonte et al. [Bonte et al. 2005a], [Bonte et al. 2005b] et [Bonte 2005] ont utilisé une méthode des surfaces de réponse et ont obtenu des résultats très satisfaisants. La fonction coût (ainsi que les contraintes et les gradients) est calculée grâce à cette base de données. Pour faire cela, ils construisent sept méta-modèles à base de différentes régressions polynomiales. Puis, un test de précision est effectué pour ces méta-modèles afin d'identifier le meilleur. Une fois que l'approximation de fonction coût réalisée, ils ont utilisé l'algorithme SQP pour obtenir la solution approchée optimale. Afin d'éviter le fait de tomber dans un optimum local, ils ont choisi de lancer l'algorithme SQP à partir de chaque point de la base de données. Ils ont pris la meilleure solution approchée parmi celles obtenues par les différentes optimisations. Puis une autre évaluation exacte devait être réalisée pour obtenir la réponse réelle du problème à l'itération d'optimisation. Si la solution optimisée est satisfaisante, ils s'arrêtent. Sinon, ils recommencent l'algorithme. Cependant, à l'étape échantillonnage, ils créent un nouveau plan d'expérience en tenant compte de l'existence des points déjà évalués aux itérations précédentes pour avoir une approximation plus précise.

Ayad et al. [Ayad et al. 2005] ont aussi utilisé la méthode des surfaces de réponse pour l'optimisation du procédé de ségrégation de poudre lors du moulage par injection métallique. La stratégie utilisée consiste en 3 étapes principales : d'abord utiliser un plan d'expérience de type Taguchi pour déterminer les paramètres de comportement du matériau et du procédé les plus importants afin de diminuer la dimension du problème d'optimisation. Ensuite, ils construisent une approximation basée sur la méthode des moindres carrés mobiles [Belytschko et al. 1996], puis s'en servent pour chercher la solution optimale approchée du problème grâce à un algorithme génétique. Enfin, afin d'améliorer la recherche de l'optimum, et de localiser correctement celui-ci, ils ont développé une méthode adaptative en raffinant l'espace de recherche.

Une approche similaire à celle de Ayad et al. est utilisée par Ben Ayed et al. [Ben Ayed et al. 2005] pour l'optimisation des efforts de serre-flan en emboutissage. La méthode des moindres carrés mobiles est utilisée pour calculer la valeur de fonction coût. Un algorithme d'optimisation de type SQP est ensuite utilisé pour résoudre le problème à partir de plusieurs points de départ pour trouver l'optimum global du problème.

Naceur et al. [Naceur et al. 2004] ont utilisé une méthode des surfaces de réponse à base d'approximation diffuse [Bahloul 2005] pour faire l'optimisation du procédé d'emboutissage, suivant une approche semblable.

Pour l'optimisation du procédé de pliage (créer les pièces de sécurité), Bahloul et al. [Bahloul et al. 2005] ont tenté d'utiliser la méthode d'approximation de type « réseau de neurones » combinée avec un algorithme évolutionnaire. Un plan d'expériences de Taguchi est utilisé pour l'étape d'échantillonnage et pour sélectionner les paramètres les plus importants du problème d'optimisation.

2.3.4   Méthodes de recherche aléatoire/probabiliste (Monte-Carlo)

La méthode de recherche aléatoire consiste à tirer aléatoirement, à chaque itération un point dans l'espace de recherche. La valeur de la fonction objectif Φ est ensuite évaluée en ce point et comparé à celle du point de départ. Si elle est meilleure, cette valeur est enregistrée, ainsi que la solution correspondante, et le processus continue. Sinon on repart du point de départ et on recommence le procédé, jusqu'à ce que les conditions d'arrêt soient atteintes. Le grand avantage de cette méthode est sa simplicité. Le temps de calcul en constitue une grande faiblesse.

2.3.5   Méthodes du Simplex

Cette méthode déterministe d'ordre 0 a été introduite par Nelder et Mead en 1965.

Supposons que la fonction coût Φ ait n paramètres. On définit un simplex comme étant une figure géométrique (polygone, triangles, etc.) de volume non nul contenant $(n+1)$ sommets. Donc, à chaque itération de l'algorithme simplex, $(n+1)$ points sont utilisés pour déterminer un pas d'essai. Les points pi sont ordonnés de manière à avoir :

$$\Phi(p_1) \leq \Phi(p_2) \leq ... \leq \Phi(p_{n+1}) \qquad (2.19)$$

Des nouveaux points sont obtenus en utilisant de très simples opérations algébriques, qui se traduisent par des transformations géométriques élémentaires (réflexion, contraction, expansion, et multicontraction appelée aussi rétrécissement), et ces points sont acceptés ou rejetés en fonction de leur valeur de la fonction objectif. Le simplex se transforme, il s'étend, se contracte, à chaque mouvement. Ainsi il s'adapte à l'allure de la fonction, jusqu'à ce qu'il s'approche de l'optimum. A chaque transformation, le plus mauvais point courant xi est remplacé par le nouveau point déterminé.

La méthode du simplex n'utilise que des valeurs ponctuelles de la fonction coût et ne nécessite pas l'estimation du gradient. Cette méthode peut donc être utilisée pour la recherche du minimum d'une fonction coût non différentiable. Elle semble efficace tant que le nombre de paramètres est petit [Kusiak et Thompson 1989]. Lorsque le nombre de paramètres est supérieur à trois, elle semble mal adaptée du point de vue du coût, et devient moins intéressante que les méthodes à direction de descente [Kusiak et Thompson 1989].

Ohata et al. [Ohata et al. 1998] ont utilisé cet algorithme pour résoudre un problème d'optimisation d'un procédé de mise en forme 3D de plaques, en deux opérations et avec trois paramètres à optimiser. Coupez et Nouatin [Coupez et Nouatin 1999] l'ont utilisé pour l'optimisation du profil du champ de vitesse dans un procédé d'injection 3D.

Nakamashi et Honda [Nakamashi et Honda 1998] ont proposé une étude comparative entre la méthode du simplex et la méthode heuristique du recuit simulé [Aarts et Korst 1989], sur le même cas que Ohata et al., mais pour sept paramètres. De plus, il est à noter que, même si généralement l'algorithme fonctionne bien, il existe des cas où la méthode ne converge pas. Des exemples de stagnation en des points non stationnaires ont en effet été décrits dans [Mc Kinnon 1998] dans des cas de minimisation de fonctions strictement convexes.

2.3.6 Méthodes de recuit simulé

Le recuit simulé est une méthode d'optimisation stochastique tirant son origine d'un processus thermodynamique. Cette méthode est issue d'une analogie avec le phénomène physique de refroidissement lent d'un corps en fusion, qui le conduit à un état solide de basse énergie. Il faut abaisser lentement la température, en marquant des paliers suffisamment longs, pour que le corps atteigne l'équilibre thermodynamique à chaque palier de température. Pour les matériaux, cette basse énergie se manifeste par l'obtention d'une structure régulière, comme les cristaux dans l'acier. L'analogie exploitée par le recuit simulé consiste à considérer la fonction Φ à minimiser comme fonction d'énergie, et une solution p peut être considérée comme un état donné de la matière dont $\Phi(p)$ est l'énergie. Le recuit simulé exploite généralement le critère défini par l'algorithme de Metropolis pour l'acceptation d'une solution obtenue par perturbation de la solution courante.

Des études théoriques du recuit simulé ont pu montrer que sous certaines conditions, l'algorithme du recuit convergeait vers un optimum global. Ce résultat est important car il nous assure que le recuit simulé peut trouver la meilleure solution, si on le laisse chercher indéfiniment. Les principaux inconvénients du recuit simulé résident dans le nombreux paramètres, tels que la température initiale, la loi de décroissance de la température, les critères d'arrêt ou la longueur des paliers de température. Ces paramètres sont souvent choisis de manière empirique.

2.3.7 Réseaux de neurones artificiels

Aujourd'hui, les réseaux de neurones artificiels RNA concernent un public de plus en plus large de chercheurs, d'ingénieurs et d'industriels. Des revues spécialisées et un flux très important d'articles ne cessent de marquer leurs importances.

Le modèle RNA est un processus distribué de manière massivement parallèle, qui a la capacité à mémoriser des connaissances de façon expérimentale et de les rendre disponibles pour l'utilisation. Il ressemble au cerveau de faite que la connaissance est acquise à travers un processus d'apprentissage et les poids des connections entre les neurones sont utilisés pour mémoriser la connaissance. La détermination des paramètres internes du réseau est alors traitée pendant la phase d'apprentissage par l'algorithme de retropropagation d'erreur [Bahloul 2005, Chamekh 2007].

La figure 2.6 illustre l'architecture d'un perceptron multicouches à connectivité particulière, comportant une couche d'entrée possédant n entrées, une couche de sortie à N neurones, qui correspond à celle de la décision et une couche cachée à Nc neurones.

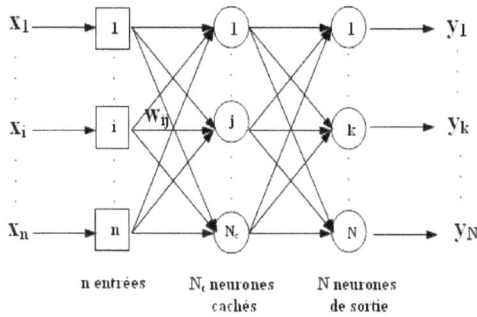

Figure 2.6. Réseau de neurones à n entrées, une couche de Nc neurones cachés et N neurones de sortie.

A chaque entrée peuvent être connectées plusieurs sorties qui représentent les entrées de la couche suivante. La sortie est calculée à partir des entrées et des poids synaptiques comme suit :

- Une fonction d'entrée évalue la stimulation reçue en calculant le potentiel v du neurone. Elle est très souvent la somme pondérée (par les poids synaptiques) des entrées, augmentée d'un seuil b.

$$v_j = \sum_i w_{ij} x_i + b_i \qquad (2.20)$$

Où x_i représente la sortie d'un neurone i agissant en tant qu'entrée sur le neurone j, w_{ij} est le poids de connexion, b_i est le biais et v_j est la somme pondérés des entrées :

- Une fonction de transfert (ou fonction d'activation) F génère alors la sortie grâce à ce potentiel. Cette fonction de transfert est très importante, et détermine le fonctionnement du neurone et du réseau :

$$y_j = F(v_j) \qquad (2.21)$$

Elle est dans la plupart du temps la fonction sigmoïdale :

$$F(v_j) = \frac{1}{1 + e^{-v_j}} \qquad (2.22)$$

L'apprentissage d'un réseau multicouches consiste à chercher les valeurs des poids de connexion qui minimisent la somme des carrés des erreurs commises par le réseau sur toute la base des données. L'algorithme utilisé dans cette phase est celui de rétro propagation de l'erreur.

L'erreur est définie par l'équation suivante :

$$E = \frac{1}{2} \sum_{i=1}^{p} \sum_{k=1}^{N} (d_{ik} - o_{ik})^2 \qquad (2.23)$$

Où d_{ik} est la sortie réelle ou désirée, o_{ik} est la sortie actuelle (ou prédite) du modèle RNA, p représente le nombre total d'exemples d'apprentissage et N est le nombre des neurones dans la couche de sortie.

Les modèles RNA sont utilisés dans des cas particuliers comme les procédures d'identification des paramètres du modèle de comportement. Les entrées de ces modèles sont les réponses de l'essai expérimental considéré, alors que ses sorties sont les paramètres à identifier. C'est pour cette raison que la méthode d'identification est appelée « identification avec RNA inverse ».

2.4 Méthodes hybrides

L'hybridation des algorithmes a pour objectif de mélanger de manière harmonieuse deux ou plusieurs méthodes distinctes afin de ne retenir que les caractéristiques les plus intéressantes de chacune de ces méthodes.

L'approche d'hybridation la plus connue est celle entre un algorithme évolutionnaire (AE) et un algorithme à direction de descente [Jie et al. 2008]. Le principe de cette approche d'hybridation est assez simple. Il consiste à lancer une recherche au niveau global avec un AE (RNA ou AG), puis passer à la recherche locale avec un algorithme à direction de descente pour affiner le résultat.

Il existe une nouvelle approche est celle du couplage entre un modèle RNA et un AG [Bassir et al. 2008]. Elle consiste à réaliser une approximation du problème réel par RNA, fondé sur une base de données obtenues par AG. Ensuite, ce dernier est employé plus de fois, mais avec la fonction coût rapprochée en employant la réponse du méta modèle. Cette nouvelle approche a été employée pour identifier un modèle de comportement non linéaire d'un matériau composite. Nous avons utilisé le couplage entre un modèle RNA et une méthode inverse classique pour identifier les paramètres de comportement d'un acier Inox [Aguir et al. 2007].

Chaparro et al. [Chaparro et al. 2008] ont utilisé le couplage entre la méthode du gradient et l'AG pour identifier les paramètres de comportement d'une tôle en aluminium à partir des essais de traction simple et de cisaillement simple.

2.5 Méthodes d'optimisation multiobjectifs

La majorité des problèmes réels exige une optimisation simultanée de plusieurs critères (fonctions objectifs) souvent incompatibles et contradictoires. En général, il n'y a pas une seule solution optimale à ce type de problème, mais un ensemble de solutions. Ces solutions sont optimales dans le sens qu'il n'y a pas de solutions meilleures en considérant tous les critères. C'est dans ce cas que l'utilisation des AGs vient assez naturellement à cause de leur pouvoir de générer plusieurs solutions en une seule itération.

En général, un problème d'optimisation multiobjectif se compose d'un certain nombre d'objectifs à optimiser simultanément et il est associé à un certain nombre de contraintes. Il est formulé de la façon suivante [Debasis et Jayant 2005]:

$$\left\{ \begin{array}{c} \text{maximiser ou minimiser } f(X) \\ \text{sous contraintes : } g_j(X) \le 0 \\ X \in \Omega \end{array} \right. \tag{2.24}$$

Où f est la fonction objectif

X est la ou les variables dont on veut trouver la ou les valeurs optimales

Ω L'espace de recherche de X.

Pour les problèmes multiobjectifs, il y a des solutions que l'on ne peut pas les comparer sans donner de priorités aux divers critères f_i (les solutions optimales selon le principe de dominance de Pareto).

On dit que ces solutions sont les solutions non dominées. Selon ce principe, une solution x^1 domine une solution x^2 (on écrit $x^1 > x^2$) si et seulement si :

$$\forall j \in \{1,...,n\} \quad f_j(x^1) \geq f_j(x^2) \quad \text{et} \quad \exists i \in \{1,...,n\} \quad f_i(x^1) > f_i(x^2) \tag{2.25}$$

L'ensemble des solutions non dominées est appelé le front de Pareto.

Prenons l'exemple d'un problème multiobjectif à deux fonctions objectifs. Supposons qu'on veut minimiser les deux fonctions (f_1, f_2) et qu'on a les solutions suivantes :

$$A = (2,10)$$
$$B = (4,6)$$
$$C = (8,4)$$
$$D = (9,5)$$
$$E = (7,8)$$

Ces solutions sont représentées sur la figure suivante :

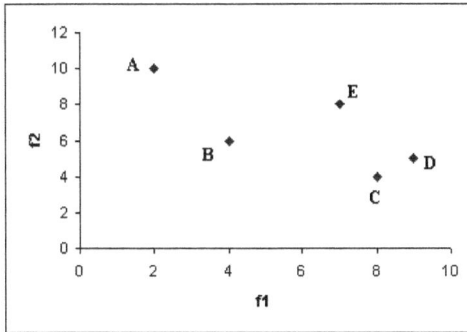

Figure 2.7. Solutions de l'exemple

La solution E est dominée par la solution B car $4 < 7$ et $6 < 8$. La solution D est dominée par C car $8 < 9$ et $4 < 5$. Pour chacune des solutions A, B, et C, il n'y a pas une solution qui est meilleure pour les deux fonctions (f_1, f_2). L'ensemble {A, B, C} constitue le front de Pareto.

Pour résoudre ce type de problèmes, différentes approches sont considérées :

- La méthode de la somme pondérée [Shanno 1970] qui consiste à associer un poids wi à chaque fonction objective f_i et à les sommer pour obtenir une seule fonction objective :

$$F(x) = \sum_{i=1}^{n} w_i \, F_i(x) \qquad \text{Avec} \qquad \sum_{i=1}^{n} w_i = 1 \tag{2.26}$$

- La méthode de « Goal Attainment Method » de Gembicki [Gembicki 1974]. Il suffit d'exprimer un ensemble de buts de conception $F^* = \{F_1^*, F_2^*, ..., F_{Nobj}^*\}$, qui est associé à un ensemble d'objectifs, $F(x) = \{F_1(x), F_2(x), ..., F_{Nobj}(x)\}$ et qui est exprimé comme un problème standard d'optimisation en utilisant la formulation suivante:

$$\textit{Minimiser} \, \gamma \, , \gamma \in R, x \in \Omega \tag{2.27}$$

Tels que

$$\begin{cases} F_i(x) - w_i \gamma \leq F_i^{*} & i = 1,...,Nobj \\ x_k \in \left[x_{k\min} \quad x_{k\max} \right] & ; \end{cases}$$

Où x est le vecteur des paramètres à identifier, x_k est le $k^{ème}$ composant de x, $x_{\min}$ et x_{max} sont les limites physiques de chaque paramètre, w_i est un coefficient de pondération et F_i^{*} est un but à atteindre.

2.6   Conclusions

Nous avons présenté dans ce chapitre une étude bibliographique sur les travaux en identification des modèles de comportement ainsi que sur les méthodes d'optimisation. Nous avons distingué les méthodes d'optimisation classiques (qui utilise le calcul de gradient) et les méthodes stochastiques (RNA, AGs,...). Nous avons présenté aussi la formulation d'un problème d'optimisation multi-objectif et les techniques utilisées pour résoudre ce problème.

Pour éviter le temps de calcul long qu'exigent les méthodes d'optimisation à base de gradient, les méthodes RNA constituent la base de nos algorithmes d'optimisation dans les chapitres suivants pour l'identification des paramètres de matériau.

Nous utilisons dans les chapitres suivants les modèles RNA pour résoudre des problèmes d'optimisation dans un contexte d'identification des paramètres de matériau.

Chapitre 3

Stratégie d'identification par réseaux de neurones artificiels basée sur une analyse de sensibilité

3.1 Introduction

Les réseaux de neurones artificiels (RNA) sont fréquemment utilisés pour l'identification des lois de comportement [Pernot et Lamarque 1999, Chamekh et al. 2006]. A titre d'exemple, Huber et al. [Huber et al. 2002] ont utilisé les RNA pour identifier les paramètres matériels lors d'un essai d'indentation des films minces.

On propose ici une stratégie d'identification par réseaux de neurones artificiels RNA des modèles de comportement. Cette stratégie est appliquée pour identifier les coefficients d'anisotropie du modèle quadratique de Hill'48 à partir des essais de traction plane, de cisaillement simple et de gonflement hydraulique. Pour cela une base de données numérique est construite par un code de calcul par éléments finis pour chaque essai. Ces bases sont nécessaires pour l'apprentissage des modèles RNA. Pour réduire la taille de ces dernières, nous avons procédé à une analyse de sensibilité des essais mécaniques aux paramètres à identifier.

3.2 Essais Expérimentaux et interprétations

Le comportement du matériau est supposé élastoplastique avec écrouissage isotrope. Le critère de plasticité utilisé est le critère quadratique de Hill (chapitre 1, paragraphe 1.3.2).

La contrainte seuil utilisée est donnée par la loi de Swift :

$$\sigma_s(\alpha) = K(\varepsilon_0 + \alpha)^n \tag{3.1}$$

Où K, ε_0 et n sont des paramètres du matériau et peuvent être identifiés à partir d'un essai de traction uniaxiale.

Les essais expérimentaux utilisés dans cette étude ont été réalisés à l'Ecole Centrale de Lyon [Benchouikh 1992].

La base de données expérimentale considérée dans cette étude est un ensemble d'essais expérimentaux sur des tôles, d'épaisseur 0.8 mm, utilisées en mise en forme par emboutissage dans l'industrie automobile. Ces essais mécaniques sont principalement : l'essai de traction simple, l'essai de traction plane, l'essai de cisaillement simple et l'essai de gonflement hydraulique.

La base de données est constituée des courbes force en fonction du déplacement dans le cas des essais de traction simple et de traction plane, force en fonction du glissement dans le cas de l'essai de cisaillement simple et pression en fonction de la flèche (ou hauteur au pôle) dans le cas de l'essai de gonflement hydraulique ainsi que les coefficients d'anisotropie r_0, r_{45}, r_{90} mesurés sur les éprouvettes de traction simple. Le matériau considéré est l'acier extra doux XES.

Le tableau 3.1 montre les paramètres d'écrouissage et les coefficients du Lankford expérimentaux dans les trois directions (0°, 45° et 90°).

Coefficients d'écrouissage			Coefficients de Lankford			
K (MPa)	ε_O	n	r_0	r_{45}	r_{90}	$\bar{r}$
557	0.007	0.23	1.90	1.54	2.26	1.81

Tableau 3.1. Les paramètres d'écrouissage et les coefficients du Lankford expérimentaux [Khalfallah 2004]

Pour simuler les trois essais mécaniques (traction plane, cisaillement simple et gonflement hydraulique), on a utilisé le code de calcul par éléments finis « DD3IMP » :

DD3IMP (Deep Drawing 3D IMPlicite code) est un code de calculs par éléments finis tridimensionnels pour la simulation numérique du processus de mise en forme des matériaux. Il est développé au Laboratoire des Propriétés Mécaniques et Thermodynamiques des Matériaux (LPMTM) de l'Université de Paris 13.

Ce code est programmé sous le langage Fortran sous l'environnement Windows. La visualisation (le pré et le post traitement) des résultats s'effectue avec des interfaces graphiques moyennant le logiciel GID.

3.2.1 Essai de traction plane

L'essai de traction plane est un essai mécanique effectué sur une éprouvette large, où sa largeur vaut entre 5 à 6 fois sa longueur [Khalfallah et al. 2002]. La géométrie et les dimensions de l'éprouvette sont données par la figure3.1. Expérimentalement, on tire sur l'éprouvette et on enregistre l'effort appliqué F(t), en même temps l'épaisseur instantanée e(t) est mesurée par ultrasons au centre de l'éprouvette (au point O.

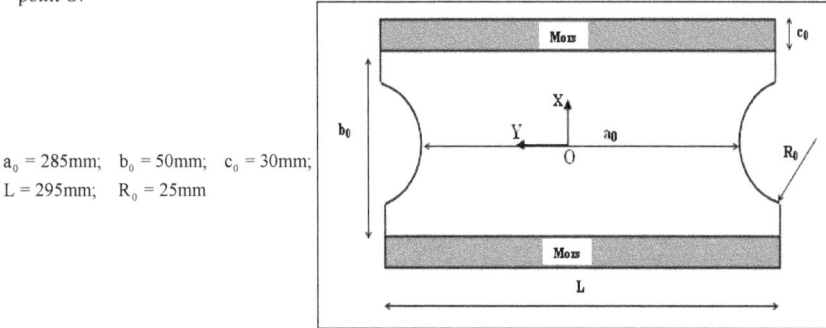

a_0 = 285mm; b_0 = 50mm; c_0 = 30mm;
L = 295mm; R_0 = 25mm

Figure 3. 1. Géométrie de l'éprouvette de traction plane

Pour interpréter l'essai de traction plane et vérifier l'hypothèse de non homogénéité, nous proposons la simulation numérique de cet essai sur l'éprouvette donnée par la figure 3.1.   Les résultats de cette simulation sont donnés sur la figure 3.2. Nous représentons les isovaleurs de la déformation et de la contrainte équivalente de Von Mises dans la structure. Nous constatons une distribution hétérogène des champs de déformations et de contraintes au sein de l'éprouvette.

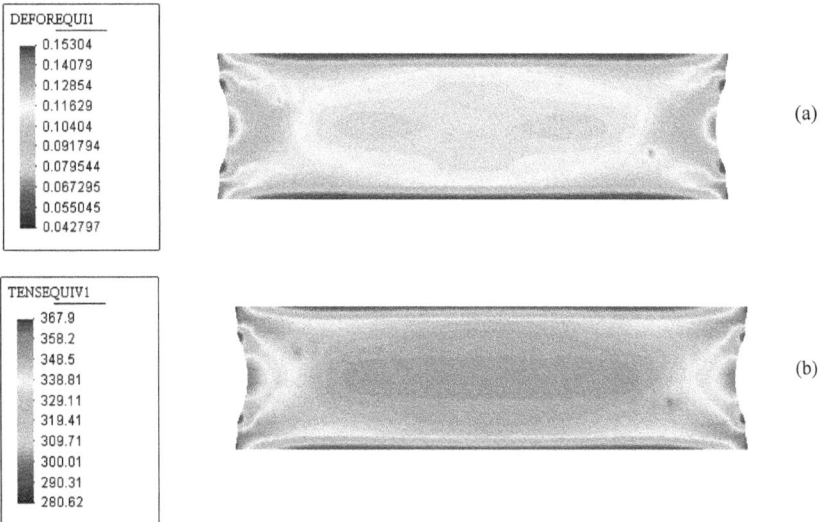

DEFOREQUI1
0.15304
0.14079
0.12854
0.11629
0.10404
0.091794
0.079544
0.067295
0.055045
0.042797

(a)

TENSEQUIV1
367.9
358.2
348.5
338.81
329.11
319.41
309.71
300.01
290.31
280.62

(b)

Figure 3.2. Les isovaleurs de la déformation (a) et de la contrainte équivalente (b) dans l'éprouvette de traction plane (Déplacement imposé = 7.5 mm)

3.2.2 Essai de gonflement hydraulique

L'essai de gonflement hydraulique consiste à appliquer une pression d'huile sur un flan bloqué à ces bords (figure 3.3). L'avantage de cet essai réside dans sa réponse qui ne fait intervenir que les propriétés intrinsèques du matériau en s'affranchissant des problèmes de contact et de frottement. Donc il représente un essai de caractérisation dont l'exploitation peut être double: d'une part il offre la possibilité d'identifier une courbe d'écrouissage qui couvre une grande plage de déformations, et d'autre part, il peut servir à déterminer le point limite en déformation équibiaxiale.

Les essais sont réalisés sur une matrice de forme circulaire. Les mesures expérimentales portent sur la hauteur au pôle et la pression appliquée mesurées respectivement par un capteur de déplacement et un capteur de pression.

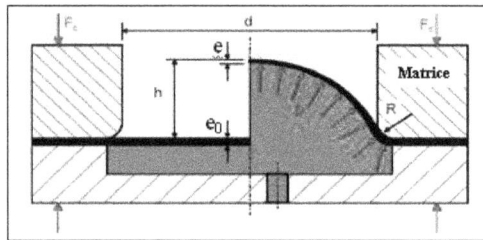

Figure 3.3. Essai expérimental du gonflement hydraulique

Avec : h est la hauteur au pôle dépendant de la pression exercée

d = 149 mm : diamètre intérieur de la matrice

$e_0 = 0.8$ mm : épaisseur initiale du flan au pôle

e : Epaisseur au pôle de l'éprouvette après déformation

R = 6 mm : rayon de congé de la matrice

P : Pression du fluide.

La figure suivante (figure 3.4) présente la variation de la pression en fonction de la hauteur au pôle. Ces résultats ont été obtenus lors d'une analyse expérimentale effectuée à l'Ecole Centrale de Lyon [Benchouikh 1992].

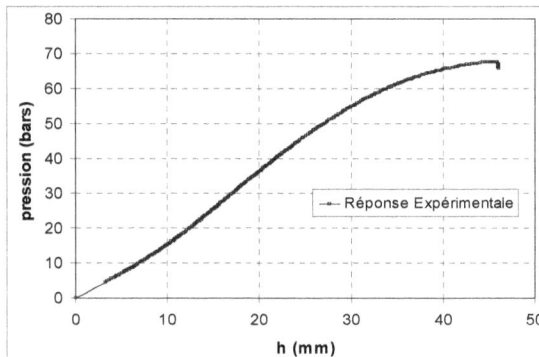

Figure 3.4. Variation de la pression en fonction de la hauteur au pôle [Benchouikh 1992]

Les résultats de la simulation numérique de cet essai sont donnés par la figure 3.5. Nous représentons les isovaleurs de la contrainte équivalente de Von Mises et la hauteur au pôle dans le flan. (1/4 du modèle est représenté).

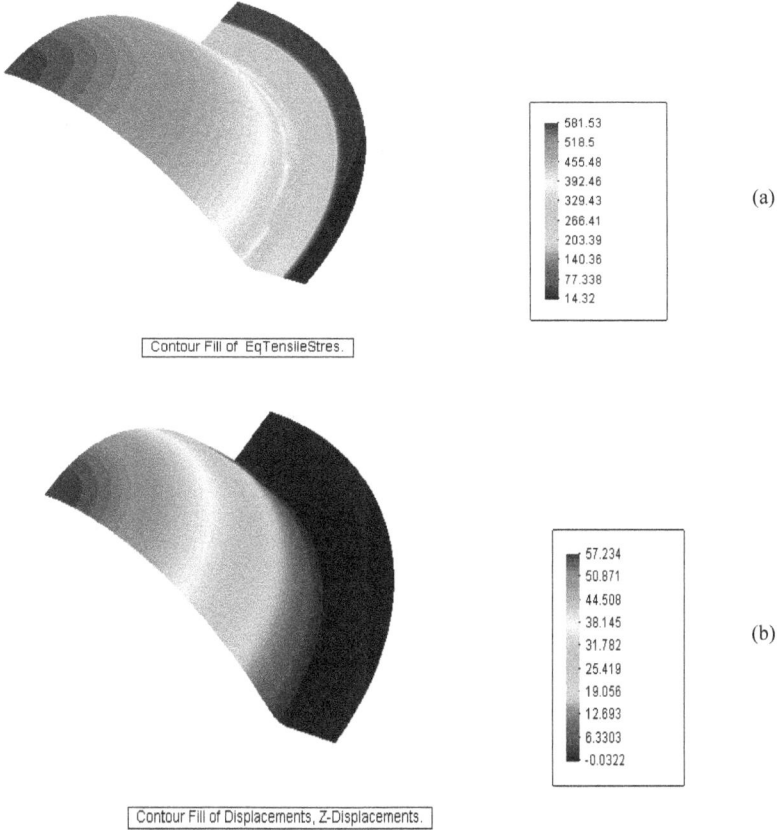

(a)

Contour Fill of EqTensileStres.

(b)

Contour Fill of Displacements, Z-Displacements.

Figure 3.5. Les isovaleurs de la contrainte équivalente (a) et la hauteur au pôle (b) (Pression = 65 bars)

3.2.3 Essai de cisaillement simple

L'essai de cisaillement simple présente l'avantage de fournir une courbe d'écrouissage couvrant une large plage de déformations avant qu'une instabilité plastique n'apparaisse. De part les grandes déformations, et les grandes rotations que subit le matériau au cours du cisaillement, cet essai a fait l'objet de plusieurs études dont les finalités couvrent un large spectre d'objectifs : l'identification des courbes d'écrouissage en grandes déformations, l'étude de l'effet Bauschinger grâce à la possibilité de chargement cyclique qu'offre cet essai ou bien l'évaluation de l'effet du cisaillement sur l'évolution de l'anisotropie initiale et induite. La figure 3.6 représente les résultats expérimentaux de cet essai.

Les résultats de simulation numérique de cet essai sont donnés par la figure 3.7. Nous représentons les isovaleurs de la contrainte σ_{xy}.

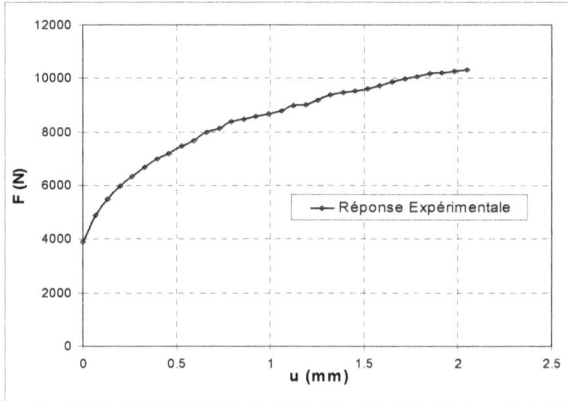

Figure 3.6. Essai de cisaillement simple [Benchouikh 1992]

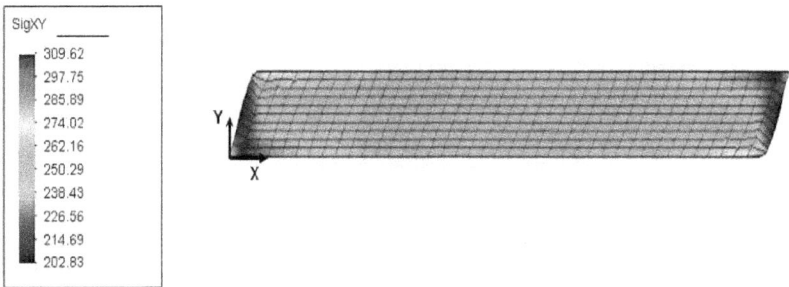

Figure 3.7. Les isovaleurs de la contrainte σ_{xy} (Déplacement imposé = 2 mm)

3.3 Identification paramétrique

Dans cette partie, on va identifier les coefficients d'anisotropie du modèle de Hill'48 à partir des essais expérimentaux présentés précédemment en utilisant une procédure d'identification basée sur les réseaux de neurones artificiels.

Pour réduire la taille des bases de données numériques, nous avons procédé à une analyse de sensibilité des paramètres à identifier à partir des essais mécaniques (traction plane, cisaillement simple et gonflement hydraulique).

3.3.1 Analyse de sensibilité

L'analyse de sensibilité consiste à étudier l'influence de la variation des paramètres d'entrée sur la réponse d'un modèle donné. Khalfallah et al. [Khalfallah et al. 2004] ont cherché le meilleur essai qui permet d'identifier au mieux un paramètre donné. Cet essai devrait être plus sensible au paramètre identifié que les autres essais. Une mesure "S" de sensibilité, a été définie par l'expression suivante :

$$S = \left| \frac{dR}{dp} * \frac{p}{R} \right| \qquad (3.2)$$

Où R est la réponse de l'essai calculée par un modèle de comportement donné et p est un paramètre d'entrée.

Une valeur élevée de S signifie qu'une modification du paramètre d'entrée engendre une variation détectable sur la réponse du modèle. Ainsi Khalfallah a calculé la mesure de sensibilité des paramètres du modèle de Hill et de Barlat pour l'essai de traction plane, l'essai de cisaillement simple et l'essai de gonflement hydraulique.

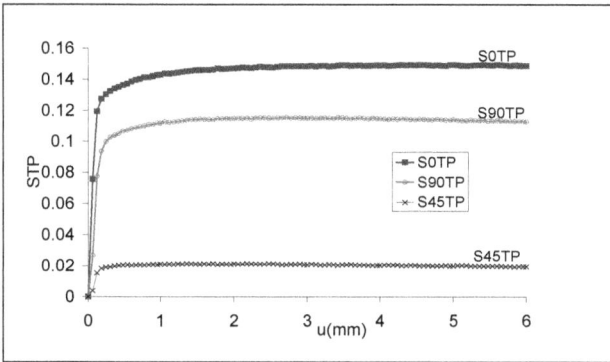

Figure 3.8. Evolution de sensibilité de l'essai de traction plane par rapport aux coefficients d'anisotropie r_0 ,r_{45} et r_{90} [Khalfallah et al. 2006]

L'analyse des figures 3.8 et 3.9, montre que la réponse de l'essai de traction plane est plus sensible au coefficient d'anisotropie r_0, que le coefficient, r_{45} et r_{90} dans le cas du modèle quadratique de Hill. Ainsi, il est plus efficace d'identifier le coefficient r_0 à partir de l'essai de traction plane que d'autres essais. Pour l'identification des autres coefficients, il s'avère que l'essai de cisaillement simple est plus sensible au coefficient r_{45} que les autres (figure 3.9).

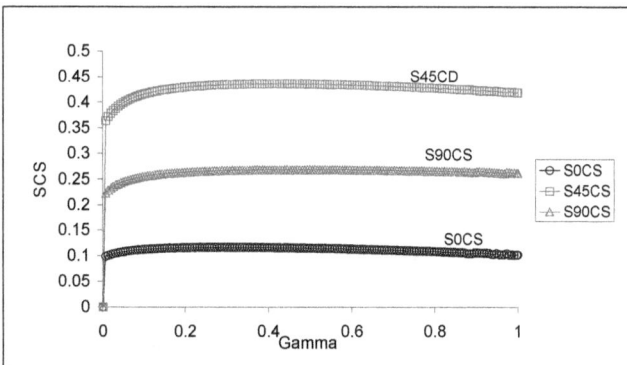

Figure 3.9. Evolution de sensibilité de l'essai de cisaillement simple par rapport aux coefficients d'anisotropie r_0 ,r_{45} et r_{90} [Khalfallah et al. 2006]

Une bonne précision du coefficient r_{90} est donnée lorsque l'identification est effectuée à partir de l'essai de gonflement hydraulique. En effet, Khalfallah a montré que l'évolution de sensibilité S90EB, du coefficient d'anisotropie r_{90} est plus élevée que S0EB qui est l'évolution de la sensibilité au coefficient d'anisotropie r_0 pour l'essai de gonflement hydraulique. Cet essai n'est pas sensible au coefficient r_{45} (figure 3.10).

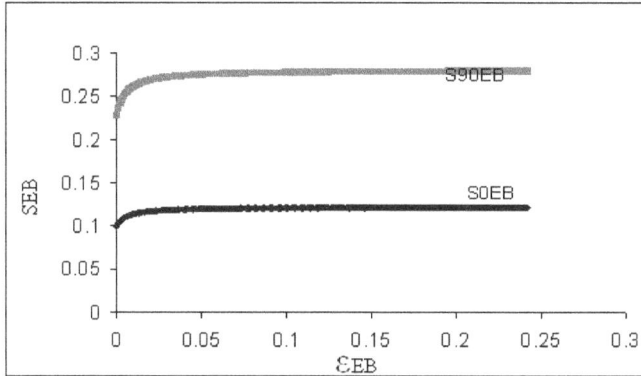

Figure 3.10. Mesure de sensibilité de l'essai de gonflement hydraulique par rapport aux coefficients d'anisotropie r_0 ,r_{45} et r_{90} [Khalfallah et al. 2006]

Ainsi, il a identifié le coefficient r_0 à partir de l'essai de traction plane, le coefficient r_{45} à partir de l'essai de cisaillement simple et finalement le coefficient r_{90} à partir de l'essai de gonflement hydraulique.

3.3.2 Stratégie d'identification des paramètres d'anisotropie

La figure 3.11 représente la stratégie d'identification adoptée. Ainsi on commence par des simulations par éléments finis en utilisant différentes valeurs des paramètres de comportement. Pour chaque simulation en enregistre la réponse globale X = f (x) (force en fonction du déplacement dans le cas de l'essai de traction plane F = f (u), force en fonction du glissement dans le cas de l'essai de cisaillement simple F = f (γ) et pression en fonction de la hauteur au pôle dans le cas de l'essai de gonflement hydraulique P = f (h).

C'est à ce niveau que nous exploitons les résultats de l'analyse de sensibilité. En effet, au lieu de considérer un plan factoriel complet qui demande $3^3 * 3 = 81$ calculs ((3 niveaux)$^{3 facteurs}$ * (3 essais)) on construit un plan de 3 niveaux pour chaque paramètre à part ce qui ne demande que $3^1 * 3 = 9$ calculs ((=3 niveaux)$^{1 facteur}$ * (3 essais)).

La base de données est construite selon les trois cas suivants :

- 1er cas : Variation de r_{90} avec r_0 et r_{45} expérimentaux. Essai de gonflement hydraulique.

- 2ème cas : Variation de r_0 avec r_{90} déjà identifié et r_{45} expérimental. Essai de traction plane.

- 3ème cas : Variation de r_{45} avec r_{90} et r_0 déjà identifié. Essai de cisaillement simple.

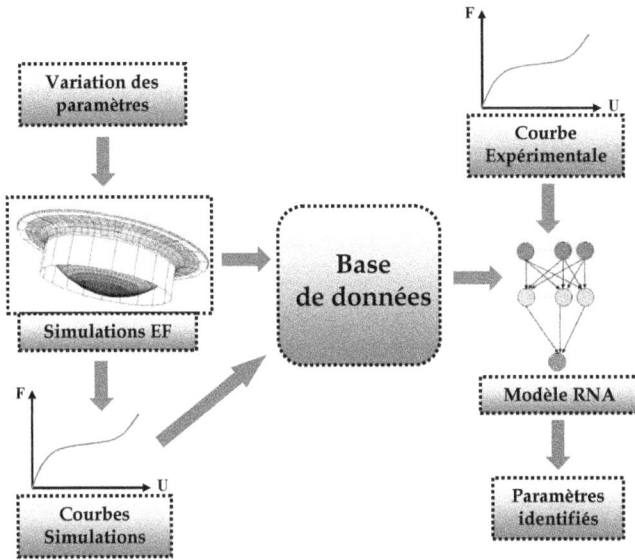

Figure 3.11. Stratégie d'identification

Trois modèles de réseau de neurone de type perceptron multicouches sont développés. Leur apprentissage est effectué par la base de données réduite déjà générée. Ces modèles RNA inverses sont utilisés pour identifier les coefficients d'anisotropie (r_0, r_{45}, r_{90}).

Les structures des modèles RNA inverses (figures 3.12 et 3.13) se composent d'une couche d'entrée, une couche cachée et d'une couche de sortie. Les entrées du modèle sont : les forces dans le cas des essais de traction plane et de cisaillement simple et les pressions dans le cas de l'essai de gonflement hydraulique. Alors que les sorties sont les coefficients d'anisotropie r_0, r_{45} et r_{90} pour les essais de traction plane, de cisaillement simple et de gonflement hydraulique respectivement.

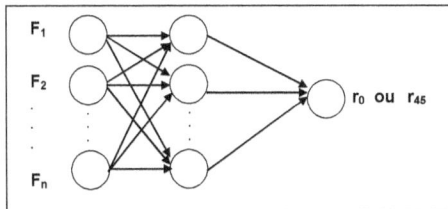

Figure 3. 12. Modèle RNA proposé permettant d'identifier les coefficients d'anisotropie r_0 et r_{45}

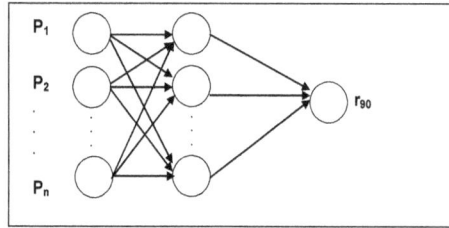

Figure 3.13. Modèle RNA proposé permettant d'identifier les coefficients d'anisotropie r_{90}

Les tableaux 3.2, 3.3 et 3.4 représentent respectivement des comparaisons entre les valeurs expérimentales, les valeurs identifiées par méthode inverse classique (méthode Simplex couplée avec un modèle EF) [Khalfallah et al. 2006] et les valeurs identifiées par RNA des coefficients d'anisotropie r_{90}, r_0 et r_{45} du modèle quadratique de Hill48 pour le matériau considéré.

Coefficients de Lankford r_{90}		
Expérimental	*Méthode inverse*	*RNA*
2.26	2.28	2.28

Tableau 3.2. Comparaison des valeurs de r_{90}

Coefficients de Lankford r_0		
Expérimental	*Méthode inverse*	*RNA*
1.9	0.85	1.26

Tableau 3. 3. Comparaison des valeurs de r_0

Coefficients de Lankford r_{45}		
Expérimental	*Méthode inverse*	*RNA*
1.54	1.45	1.58

Tableau 3.4. Comparaison des valeurs de r_{45}

Nous avons obtenu avec notre approche RNA des résultats meilleurs avec un temps de calcul réduit 15 minutes au lieu de 28 heures par la méthode inverse classique. L'identification est effectuée à partir de la base de données réduite où un paramètre est varié quand les deux autres sont pris constants. Ce qui peut être source d'erreur, bien que notre analyse de sensibilité prouve que la réponse de l'essai considéré est peu sensible à ces deux autres paramètres pris constants. Ce qui est bien illustré pour les courbes de validation présentées ci-dessous.

Pour valider cette stratégie d'identification, on a utilisé les paramètres identifiés précédemment dans un calcul direct par EF des trois essais (traction plane, cisaillement simple et gonflement hydraulique). Les réponses de ces essais sont comparées avec celles expérimentales, celles obtenues avec le calcul EF utilisant les paramètres expérimentaux (courbes nommées "EF_param_Exp") et celles données par la méthode inverse présentées dans Khalfallah et al. 2006 [Khalfallah et al. 2006] et nommées ici "Méthode Inverse" (figures 3.14, 3.15 et 3.16).

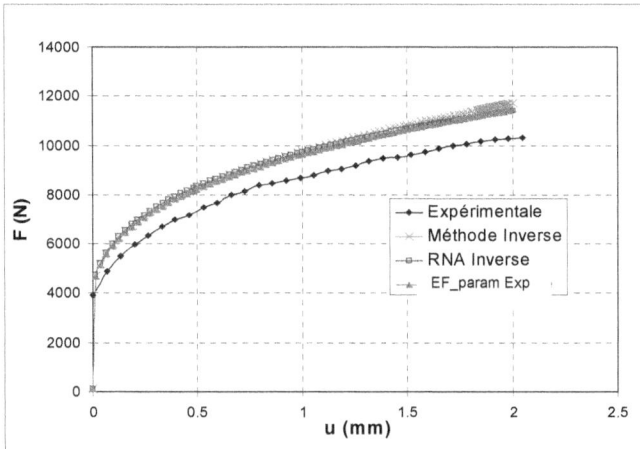

Figure 3.14. Comparaison entre la réponse expérimentale et les réponses obtenues par EF en utilisant les coefficients d'anisotropie expérimentaux, identifiés par RNA et identifiés par méthode inverse à partir de l'essai de cisaillement simple

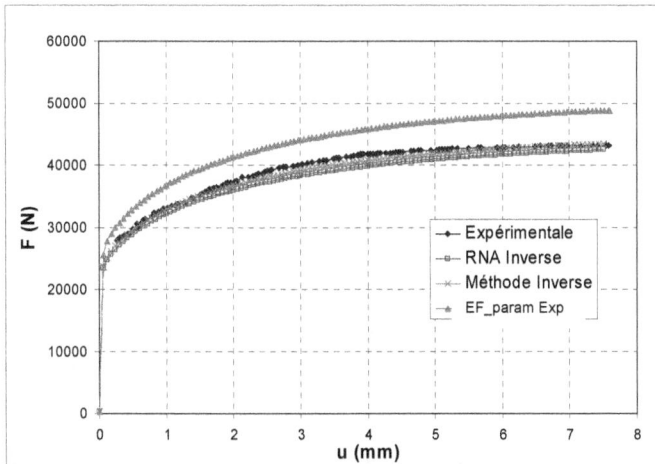

Figure 3.15. Comparaison entre la réponse expérimentale et les réponses obtenues par EF en utilisant les coefficients d'anisotropie expérimentaux, identifiés par RNA et identifiés par méthode inverse à partir de l'essai de traction plane

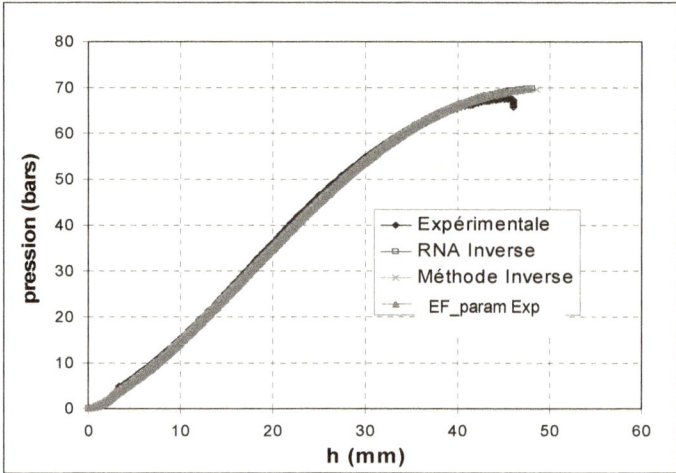

Figure 3.16. Comparaison entre la réponse expérimentale et les réponses obtenues par EF en utilisant les coefficients d'anisotropie expérimentaux, identifiés par RNA et identifiés par méthode inverse à partir de l'essai de gonflement hydraulique

L'erreur relative entre la réponse expérimentale et la réponse obtenue par EF après identification des coefficients d'anisotropie par RNA est donnée par l'équation suivante :

$$Err\% = \frac{R^{exp} - R^{RNA}}{R^{exp}} .100 \qquad (3.3)$$

Où R^{exp} et R^{RNA} sont les réponses expérimentale et neuronale respectivement. Cette réponse R est la force dans le cas des essais de traction plane et de cisaillement simple et la pression dans le cas de l'essai de gonflement hydraulique.

Le maximum d'erreur n'a pas dépassé le 5% pour les essais de gonflement hydraulique et de traction plane et le 13 % pour l'essai de cisaillement simple.

3.4 Conclusions

Une approche basée sur les réseaux de neurones artificiels (RNA) est utilisée pour identifier les coefficients d'anisotropie du modèle quadratique de Hill'48 d'une tôle en acier XES.

En premier lieu, une base de données numérique a été construite par un code de calcul par éléments finis « DD3IMP » pour chaque essai mécanique (traction plane, cisaillement simple et gonflement hydraulique. Pour réduire la taille de cette dernière et par suite diminuer le temps de calcul, nous avons procédé à une analyse de sensibilité des ces essais aux paramètres à identifier. Cette analyse nous a permis d'identifier un paramètre à partir de chaque essai (le coefficient r_0 à partir de l'essai de traction plane, le coefficient r_{45} à partir de l'essai de cisaillement simple et le coefficient r_{90} à partir de l'essai de gonflement hydraulique). En effet, la base de données de chaque essai est constituée par trois calculs (un paramètre à trois niveaux).

En deuxième lieu, un modèle RNA de type perceptron multicouches avec retro-propagation d'erreur a été développé. Son apprentissage est effectué par la base de données réduite déjà générée.

Le problème temps de calcul a été contourné puisqu'on a obtenu des résultats meilleurs que ceux obtenus par les méthodes inverses classiques. L'analyse des résultats d'identification effectuée montre qu'il y a minimisation de l'écart entre les réponses expérimentales et numériques des essais de traction plane et de gonflement hydraulique. Pour l'essai de cisaillement simple, l'écart persiste encore. De ce fait, il est difficile de minimiser cet écart avec la stratégie proposée pour les trois essais. Des méthodes couplées (RNA-méthodes inverses classiques) et hybrides (RNA-optimisation multiobjectif) seront utilisées dans les chapitres suivants pour résoudre ce problème.

Chapitre 4

Identification des paramètres constitutifs par une méthode inverse couplée avec les réseaux de neurones artificiels

4.1 Introduction

Vu la complexité des trajets de chargement subis par le matériau au cours de sa mise en forme, l'essai de traction hors axes ne suffit plus pour identifier les paramètres de comportement du matériau. Des informations supplémentaires sont alors à trouver à partir d'autres essais comme la traction plane, le cisaillement simple ou le gonflement hydraulique [Ben Tahar 2005, Forestier et al. 2002, Gahbiche 2005, Khalfallah 2004]. Ce qui rend la tache d'identification encore plus difficile. Il est clair dans des nombreux cas, que les résultats de la simulation des procédés de mise en forme, utilisant les paramètres constitutifs identifiés à partir de l'essai de traction simple, ne sont pas proches des ceux expérimentaux [Pernot et Lamarque 1999].

L'utilisation des méthodes d'optimisation classiques et de plusieurs essais expérimentaux pour ajuster les paramètres de processus, mène à un temps de calcul long. Ainsi, pour réduire l'écart entre la réponse expérimentale et la réponse numérique et diminuer ce temps, [Swadesh et Kumar 2005, Hambli et al. 2006] une stratégie d'identification couplée avec un modèle RNA est proposée. Pour cela, l'essai de traction plane et l'essai de gonflement hydraulique sont utilisés. Du fait, l'essai de gonflement hydraulique est presque réalisé sans frottement. On juge que c'est un bon essai pour l'identification de paramètres des matériaux pour le processus de mise en forme des tôles [Chamekh et al. 2006].

Les paramètres identifiés du matériau sont la courbe d'écrouissage et les coefficients d'anisotropie. Dans la première étape de cette stratégie, deux bases de données de résultats numériques sont produites utilisant les simulations numériques de deux essais. Ces bases de données sont, alors, utilisées pour faire l'apprentissage de deux réseaux de neurones artificiels (RNA). Ces modèles RNA sont utilisés pour substituer les calculs par élément finis dans l'approche proposée.

Deux démarches sont proposées. La première consiste à identifier trois paramètres à partir de chaque essai mécanique et la deuxième consiste à identifier tous les paramètres simultanément à partir de deux essais en minimisant la somme des erreurs.

La même stratégie (RNA-Méthode inverse classique) est utilisée pour identifier les coefficients d'anisotropie du critère quadratique de Hill'48 à partir de l'essai d'emboutissage profond de deux tôles en acier faiblement allié et à haute limite d'élasticité HSAL 340 et en acier doux DC 06.

4.2 Caractérisation mécanique du matériau étudié

Le comportement du matériau est supposé élastoplastique avec écrouissage isotrope. Le critère de plasticité utilisé est le critère quadratique de Hill (chapitre 1, paragraphe 1.3.2).

La contrainte seuil utilisée est donnée par la loi de VOCE :

$$\sigma_s(\alpha) = \sigma_0 + R_{sat} \left[1 - \exp\left(-C_R \alpha\right) \right] \qquad (4.1)$$

Où σ_0 est la valeur initiale de l'écrouissage isotrope, R_{sat} est la valeur de saturation de l'écrouissage isotrope, C_R est la vitesse d'évolution de l'écrouissage et α est le multiplicateur plastique.

Les essais expérimentaux utilisés dans cette étude sont réalisés au Laboratoire de Génie Mécanique (LGM) de l'Ecole Nationale d'Ingénieurs de Monastir (ENIM).

La base de données expérimentale considérée dans cette étude est un ensemble d'essais expérimentaux sur des tôles d'épaisseur 1 mm. Ces essais mécaniques sont principalement : l'essai de traction simple, l'essai de traction plane et l'essai de gonflement hydraulique.

La base de données est constituée des courbes force en fonction du déplacement dans le cas des essais de traction simple et de traction plane et pression en fonction de la flèche (ou hauteur au pôle) dans le cas de l'essai de gonflement hydraulique ainsi que les coefficients d'anisotropie r_0, r_{45}, r_{90}.

Le matériau considéré est l'acier Inox AISI 304.

- Module d'Young : E = 200000 MPa

- Coefficient de poisson : ν = 0.3

Le tableau 4.1 montre les paramètres d'écrouissage et les coefficients du Lankford expérimentaux dans les trois directions (0°, 45° et 90°).

Coefficients d'écrouissage			Coefficients de Lankford		
σ_0 (MPa)	R_{sat} (MPa)	C_R	r_0	r_{45}	r_{90}
329	1336	2.052	1.24	0.99	1.2

Tableau 4.1. Les paramètres d'écrouissage et les coefficients du Lankford expérimentaux

Pour simuler les deux essais mécaniques (traction plane et gonflement hydraulique), on a utilisé le code de calcul par éléments finis « ABAQUS ».

4.2.1 Essai de traction plane

La géométrie et les dimensions de l'éprouvette sont données par la figure 4.1 [Gahbiche 2005]. Les résultats de la simulation numérique de cet essai sont donnés sur la figure 4.2. Nous représentons les isovaleurs de la déformation et de la contrainte équivalente de Von Mises dans la structure. Nous constatons une répartition non homogène de ces grandeurs.

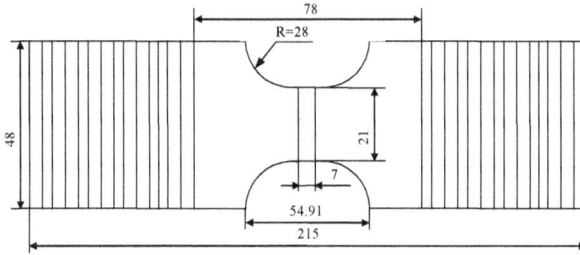

Figure 4.1.Géométrie de l'éprouvette de traction plane

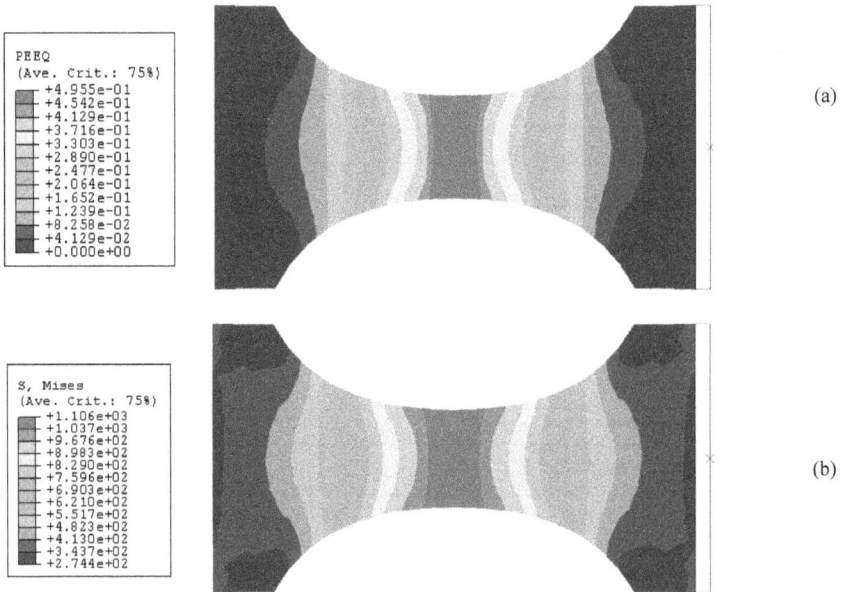

Figure 4.2. Les isovaleurs de la déformation (a) et de la contrainte équivalente (b) dans l'éprouvette de traction plane (Déplacement imposé = 12 mm)

4.2.2 Essai de gonflement hydraulique

L'essai de gonflement hydraulique est un essai d'emboutissage présentant l'avantage de remplacer le poinçon par un fluide, ce qui nous permet de nous affranchir de l'effet parasite du frottement. Sous l'effet de la pression du fluide, le flan bloqué entre une matrice et un serre flan, se déforme par expansion (figure 4.3). Selon la forme de la matrice, le flan peut prendre la forme circulaire ou elliptique.

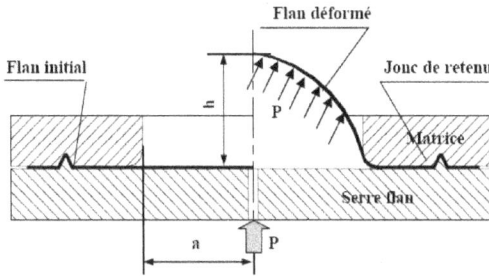

Figure 4.3. Principe de l'essai de gonflement hydraulique (P : pression hydraulique, a : rayon de la matrice, h : hauteur au pôle)

Le type de sollicitation est essentiellement conditionné par la forme de la matrice et de l'isotropie du matériau. Pour rendre compte de ces deux facteurs, nous avons utilisé une matrice circulaire et une matrice elliptique (figure 4.4).

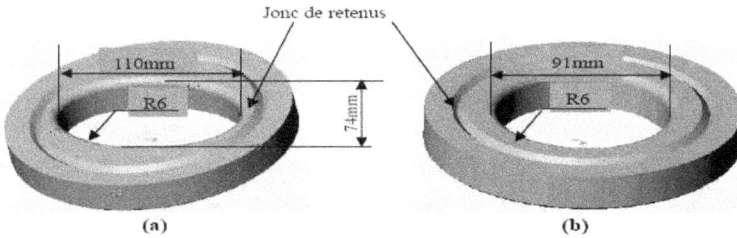

Figure 4.4. (a) forme et dimensions de la matrice elliptique, (b) forme et dimensions de la matrice cylindrique

Les essais avec matrices circulaires permettent d'obtenir un état de sollicitation bi-axiale symétrique (symétrie de révolution) au centre de l'éprouvette. L'emploi des matrices elliptiques avec des orientations variables (variation de la position du grand axe de l'ellipse par rapport à la direction de laminage), permet d'obtenir des sollicitations bi-axiales dissymétriques [Gahbiche 2005].

Tous les essais sont menés sur une cellule de gonflement hydraulique instrumentée (capteur de pression et capteur de déplacement au pôle) conçue et réalisée au Laboratoire de Génie Mécanique (LGM). La pompe utilisée est une pompe manuelle pouvant générer une pression de 400 bars. Les joncs de retenu sont réalisés par le biais d'un outil d'emboutissage approprié conçu et réalisé également au LGM. Toutes les éprouvettes sont découpées par laser.

La figure suivante (figure 4.5) présente la variation de la pression en fonction de la hauteur au pôle. Ces résultats sont menés lors d'une analyse expérimentale effectuée au LGM.

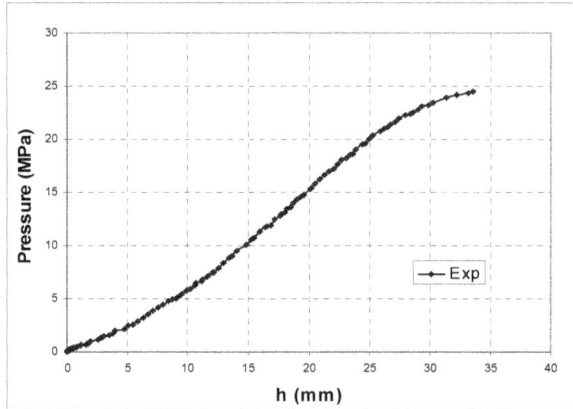

Figure 4.5. Variation de la pression en fonction de la hauteur au pôle [Gahbiche 2005]

Les résultats de simulation numérique de cet essai sont donnés par la figure 4.6. Nous représentons les isovaleurs de la contrainte équivalente de Von Mises et la hauteur au pôle dans le flan.

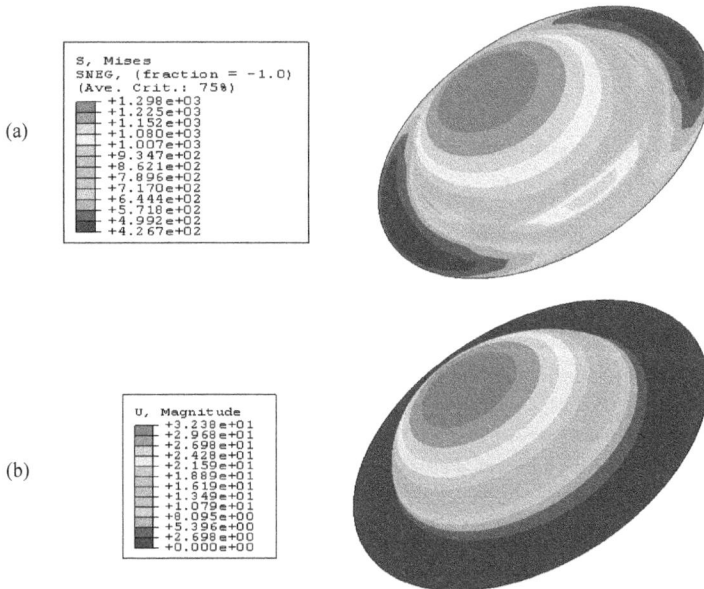

Figure 4.6. Les isovaleurs de la contrainte équivalente (a) et la hauteur au pôle (b) (Pression = 24 MPa)

4.3 Stratégie d'identification

La procédure inverse d'identification consiste à trouver les paramètres qui réduisent au minimum l'écart entre la réponse calculée par éléments finis (EF) et la réponse expérimentale. Dans l'approche proposée, des simulations EF sont effectuées pour créer une base de données qui sera utilisée pour construire et réaliser l'apprentissage d'un modèle de réseaux de neurones artificiels (RNA). Une fois l'apprentissage est réalisé, ce modèle RNA permet de prédire la réponse globale d'un essai pour un jeu donné de paramètres de matériau.

Alors ces paramètres peuvent être obtenus par une routine d'optimisation classique basée sur la méthode BFGS pour réduire au minimum l'erreur entre la réponse expérimentale et la réponse prédite (par le modèle RNA). Le grand avantage de cette approche d'identification est sa rapidité puisque le calcul EF est substitué par le modèle RNA. En fait, pour la loi de comportement considérée, les simulations EF ne sont plus nécessaires parce que toute l'information est contenue dans le modèle RNA.

4.3.1 Analyse de sensibilité

Conformément aux hypothèses présentées précédemment, il y aura trois paramètres (σ_0, R_{sat}, C_r) pour le comportement d'écrouissage et trois paramètres (r_0, r_{45}, r_{90}) pour le modèle d'anisotropie à identifier. Deux essais sont suggérés ici : l'essai de traction plane et l'essai de gonflement hydraulique. Pour construire la base de données nécessaire pour l'apprentissage du modèle RNA, des simulations EF seront effectuées pour les différents jeux de paramètres de matériau. Si trois niveaux pour chaque paramètre sont pris, le nombre de simulations EF est $3^6*2 = 1458$ ((3 niveaux)[6 paramètres] * (2 essais)) doivent être effectués pour construire le modèle RNA. Ce nombre peut être réduit en considérant une analyse de sensibilité des réponses des essais aux paramètres du matériau et un plan d'expériences fractionnaire ou bien un plan d'expériences optimal : Box de Behnken. Le but de cette étude est de déterminer quel paramètre sera identifié de lequel l'essai.

Démarche 1 : Plan d'expérience fractionnaire :

Référant à Khalfallah et al.[Khalfallah et al. 2005], le choix suivant est suggéré :

- R_{sat}, C_r et r_{90} sont identifiés à partir de l'essai de gonflement hydraulique.

- les autres paramètres σ_0, r_0 et r_{45} sont identifiés à partir de l'essai de traction plane.

Pour cela, deux bases de données numériques sont produites par 27 ((3 niveaux)[3 paramètres]) simulations EF pour chaque essai. Le nombre total de simulations EF est alors réduit. C'est 27*2 essais = 54 au lieu de 1458. Dans cette étape on a utilisé la première stratégie d'identification (figure 4.7).

Démarche 2 : Plan d'expérience optimal : Box de Behnken

Le choix suivant des paramètres à a été adopté : R_{sat}, C_r, σ_0, r_0, r_{45} et r_{90} sont identifiés simultanément à partir de deux essais suivant la deuxième stratégie (figure 4.8). Deux bases de données numériques sont produites par 54 simulations EF pour chaque essai en utilisant un plan d'expériences optimal : Box de Behnken. Le nombre total de simulations EF est alors réduit.

Une gamme des matériaux a été définie par variation des paramètres opératoires du procédé. Chaque valeur de chaque variable est choisie à plus au moins 40 % par rapport à la valeur expérimentale identifiée à partir de l'essai de traction simple. Le tableau 4.2 nous donne les niveaux utilisés pour les paramètres qui sont liés à l'écrouissage et à l'anisotropie.

Niveaux	Coefficients d'écrouissage			Coefficients de Lankford		
	σ_0 *(MPa)*	R_{sat} *(MPa)*	C_R	r_0	r_{45}	r_{90}
1	214.8	909	1.212	0.558	0.642	0.792
2	358	1515	2.02	0.93	1.07	1.32
3	501.2	2121	2.828	1.302	1.498	1.848

Tableau 4.2. Niveaux et valeurs des paramètres liés à l'écrouissage et à l'anisotropie

4.3.2 Stratégies d'identification

- *Démarche 1*

La figure 4.7 montre la première stratégie d'identification adoptée. La première étape de cette procédure   consiste à effectuer des simulations numériques des essais expérimentaux utilisant systématiquement divers jeux de paramètres. Chaque simulation calcule la réponse globale du matériau correspondant. Alors, les réponses sont stockées dans une base de données qui est utilisée pour construire un modèle RNA. Une fois l'apprentissage est terminé, ce modèle RNA permet de prédire la réponse globale d'un essai pour un jeu donné de paramètres de matériau. Après, les paramètres du matériau peuvent être obtenus par une routine d'optimisation basée sur les méthodes classiques pour réduire au minimum l'écart entre la réponse expérimentale et la réponse du modèle RNA.

Pour l'essai de gonflement hydraulique, le modèle RNA (3 - 8 - 12) est formé par trois neurones dans la couche d'entrée, huit neurones dans la couche cachée et douze neurones dans la couche de sortie. Les neurones de la couche d'entrée correspondent aux paramètres à identifier du gonflement hydraulique. En se référant à l'analyse de sensibilité [Khalfallah et al. 2002], nous identifions ici, les paramètres (R_{sat}, C_r et r_{90}). Les neurones de la couche de sortie représentent la réponse de cet essai aux paramètres donnés d'entrée. Les douze valeurs sont les déplacements du point central du flanc correspondant aux valeurs données de la pression imposée P.

Pour l'essai de traction plane, une deuxième base de données est produite par des simulations numériques avec les valeurs identifiées de R_{sat}, C_r et r_{90}. Un modèle RNA (3 - 8 - 11) est alors construit. Son apprentissage est effectué à partir de cette base de données. Semblable à l'essai de gonflement hydraulique, le modèle RNA est couplé avec une procédure d'optimisation pour réduire la différence entre les réponses expérimentales et celles de modèle RNA.

Les neurones de la couche d'entrée représentent les paramètres à identifier. Les onze valeurs sont les déplacements d'un point de référence choisi dans la frontière du spécimen correspondant aux valeurs données de la force imposée. Les neurones de la couche de sortie correspondent à la réponse de cet essai aux paramètres donnés d'entrée. En se référant à l'analyse de sensibilité [à Khalfallah 2004] nous identifions à partir de cet essai σ_0 et les paramètres d'anisotropie r_0 et r_{45}.

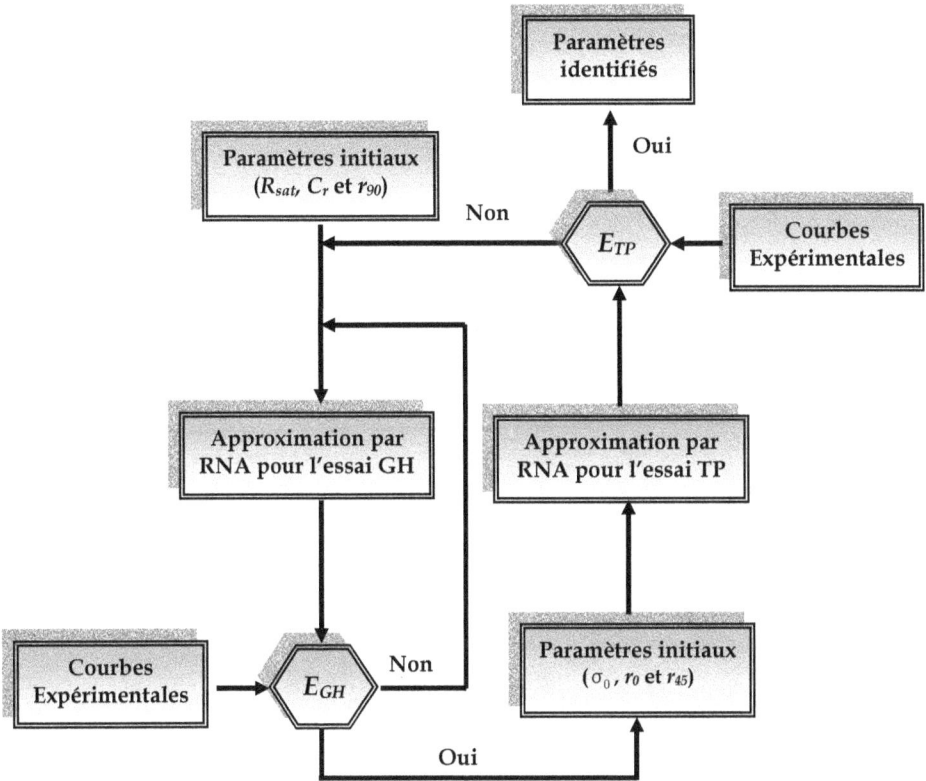

Figure 4.7. Première stratégie d'identification

- *Démarche 2*

La figure 4.8 montre la deuxième stratégie d'identification adoptée. La première étape de cette procédure est la même que celle de la première.

Pour l'essai de gonflement hydraulique, le modèle RNA (6- 16 - 12) est formé par six neurones dans la couche d'entrée, seize neurones dans la couche cachée et douze neurones dans la couche de sortie. Les neurones de la couche d'entrée correspondent aux paramètres à identifier (R_{sat}, C_r, σ_0 r_0, r_{45} et r_{90}).

Pour l'essai de traction plane, une deuxième base de données est produite par des simulations numériques avec les valeurs identifiées de (R_{sat}, C_r, σ_0, r_0, r_{45} et r_{90}). Un modèle RNA (6 - 12 - 11) est alors construit. Son apprentissage est effectué à partir de cette base de données. Semblable à l'essai de gonflement hydraulique, le modèle RNA est couplé avec une procédure d'optimisation pour réduire la somme de la différence entre les réponses expérimentales et celles de modèle RNA de deux essais.

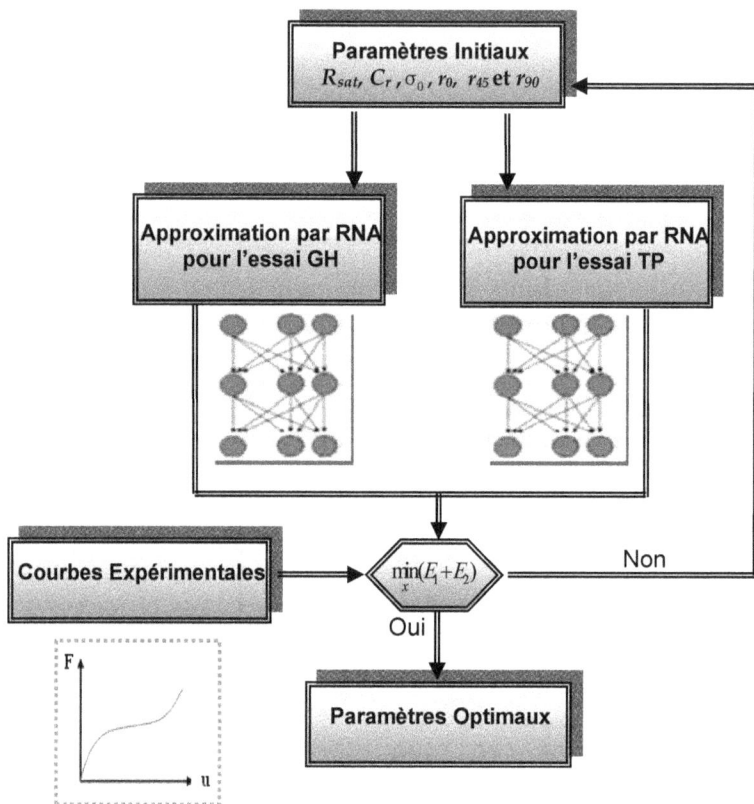

Figure 4.8. Deuxième stratégie d'identification

4.4   Résultats et discussions

Les paramètres expérimentaux sont obtenus à partir de l'essai de traction simple. Ces paramètres sont utilisés dans les simulations par élément finis du gonflement hydraulique et de la traction plane. Les résultats de ces simulations (courbes nommées ''EF_Param_Exp'') et les mesures expérimentales quant à ces essais sont présentés dans les figures 4.9 et 4.10 La comparaison des courbes expérimentales et numériques montre un grand écart particulièrement dans l'essai de traction plane. Le but de notre identification est de trouver les valeurs des paramètres qui réduisent cet écart entre les courbes. Nous constatons que le Modèle RNA inverse permet de réduire un peu cet écart pour un seul essai (courbes nommées ''RNA_Inverse'').

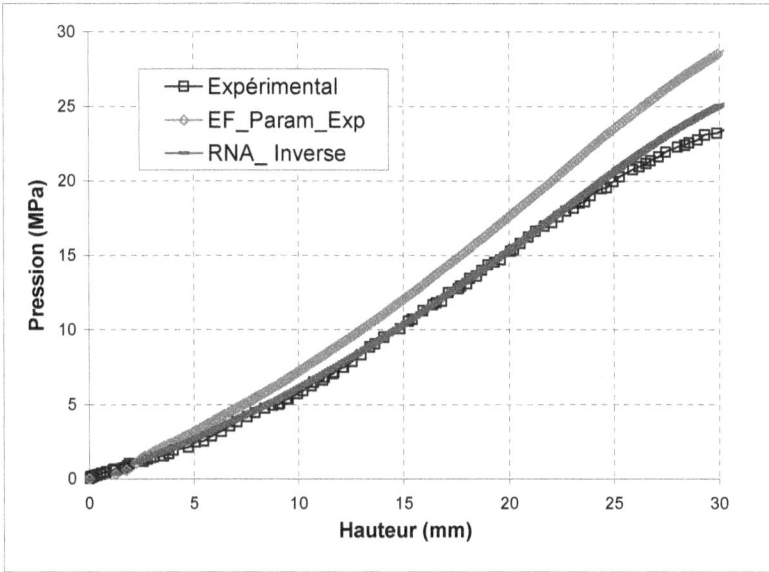

Figure 4.9. Comparaison entre les réponses expérimentales et EF pour l'essai de gonflement hydraulique

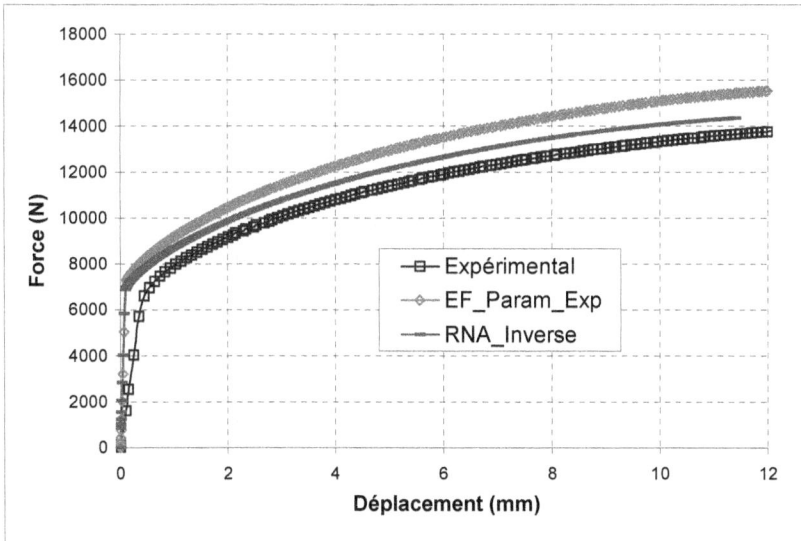

Figure 4.10. Comparaison entre les réponses expérimentales et EF pour l'essai de traction plane

Pour valider cette approche, les paramètres identifiés sont utilisés dans des simulations par éléments finis de deux essais. Les résultats de ces simulations sont comparés aux précédents (figures 4.9 et 4.10). La comparaison de toutes ces courbes montre l'avantage de notre stratégie d'identification.

Le tableau 4.3 montre une comparaison entre les paramètres expérimentaux et ceux identifiés pour les deux étapes.

Paramètres	Unité	Valeurs Expérimentales	Valeurs Identifiées Démarche 1	Valeurs Identifiées Démarche 2
σ_0	MPa	329	315	295
R_{sat}	MPa	1336	1320	1379
C_R	-	2.052	1.60	1.83
r_0	-	1.24	1.56	0.78
r_{45}	-	0.99	0.70	0.96
r_{90}	-	1.2	1.9	1.82

Tableau 4.3. Valeurs expérimentales et identifiées des paramètres pour les deux approches

Les figures 4.11 et 4.12 montrent que les résultats des deux démarches sont plus proches des ceux expérimentaux. Pour l'essai de traction plane, les deux démarches donnent presque les mêmes résultats alors que, pour l'essai de gonflement hydraulique, les résultats de la deuxième démarche sont meilleurs que ceux de la première. Mais, nous remarquons que l'écart persiste dans la dernière partie de la courbe Pression-Hauteur au pôle.

Pour une meilleure comparaison entre ces deux étapes, une simulation par éléments finis utilisant les paramètres identifiés d'un essai de gonflement hydraulique avec matrice elliptique (45 °) est réalisée. La figure 4.13 montre une comparaison entre la réponse expérimentale et la réponse identifiée de l'essai de gonflement hydraulique elliptique. Nous pouvons voir que dans les deux démarches, l'écart existe encore comme dans l'essai de gonflement hydraulique circulaire.

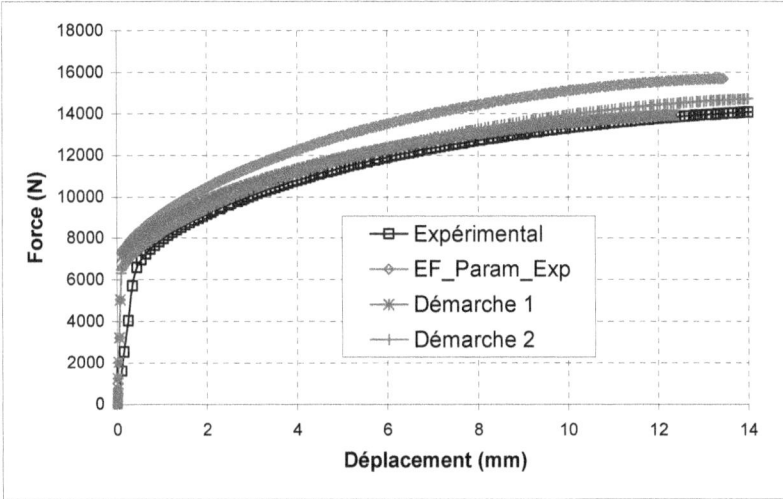

Figure 4.11. Comparaison entre les réponses de l'essai de traction plane

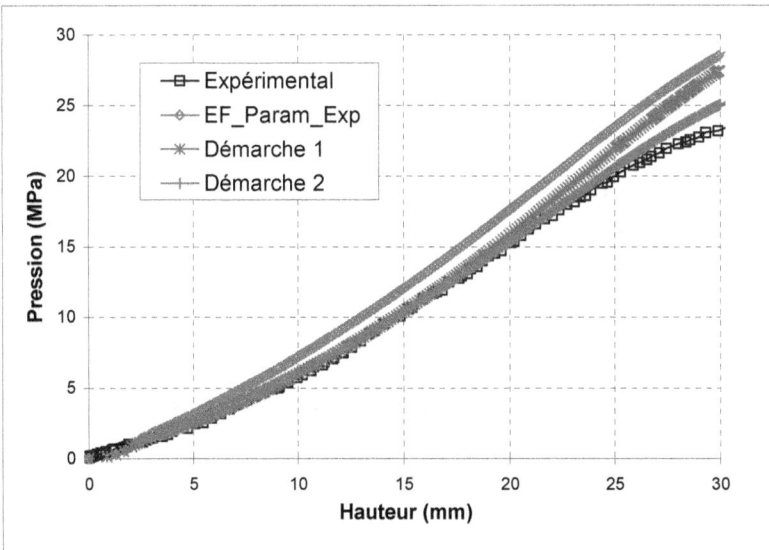

Figure 4.12. Comparaison entre les réponses de l'essai de gonflement hydraulique

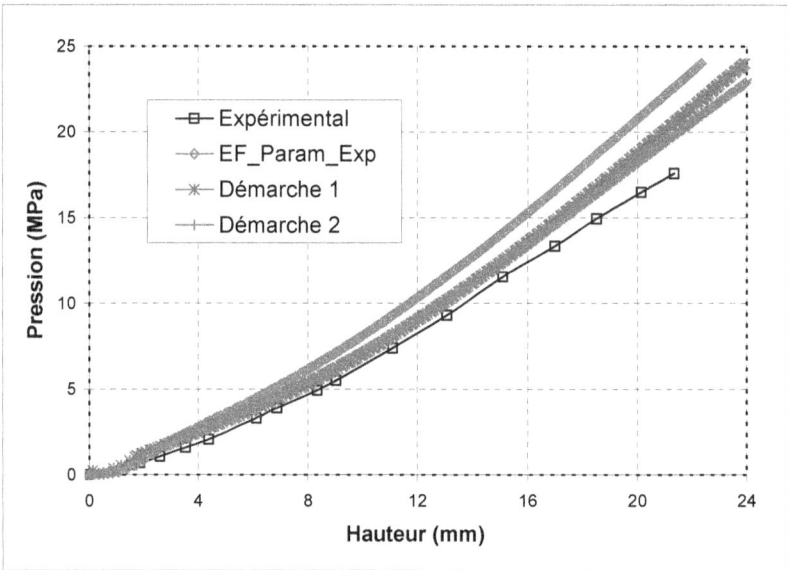

Figure 4.13. Comparaison entre les réponses de l'essai de gonflement hydraulique elliptique

4.5 Autre application : Identification des coefficients d'anisotropie à partir de l'essai d'emboutissage profond

La stratégie d'identification couplée (RNA-routine d'optimisation classique) déjà proposée (paragraphe 4.4) a été utilisé pour identifier les coefficients d'anisotropie à partir d'un essai expérimental : emboutissage profond ([Alves et al. 2003] et [Duarte et al. 2002]). Pour cela, deux matériaux sont considérés : l'acier faiblement allié et à haute limite d'élasticité HSAL 340 et l'acier doux DC 06. Dans la première étape de cette approche, deux bases de données numériques sont produites par des simulations numériques de cet essai avec le code de calcul par éléments finis « DD3IMP ». Ces bases de données sont, alors nécessaires pour faire l'apprentissage des modèles RNA. Ces modèles RNA sont utilisés pour substituer les calculs par élément finis dans l'approche proposée.

4.5.1 Essais expérimentaux et interprétations

Le comportement du matériau est supposé élastoplastique avec écrouissage isotrope. Le critère quadratique de Hill est utilisé (chapitre 1, paragraphe 1.3.2).

La contrainte seuil utilisée est donnée par la loi de Swift :

$$\sigma_s(\alpha) = K(\varepsilon_0 + \alpha)^n \tag{4.2}$$

Où K, ε_0 et n sont les paramètres de l'écrouissage et α est le multiplicateur plastique.

La base de données expérimentale considérée dans cette étude est un ensemble d'essais expérimentaux sur des tôles utilisées en mise en forme. Ces essais mécaniques sont principalement :

l'essai de traction simple et l'essai d'emboutissage profond. Ces essais sont réalisés au Laboratoire des Propriétés Mécaniques et Thermodynamiques des Matériaux (LPMTM) de l'Université de Paris 13 [Alves et al. 2003], [Duarte et al. 2002].

La base de données est constituée des courbes contraintes en fonction des déformations dans le cas des essais de traction simple, hauteur de l'embouti et évolution de l'épaisseur dans l'essai d'emboutissage profond ainsi que les coefficients d'anisotropie r_0, r_{45}, r_{90}.

Les matériaux considérés sont l'acier faiblement allié et à haute limite d'élasticité HSAL 340 et l'acier doux DC 06

-   Module d'Young : E = 200000 MPa

-   Coefficient de poisson : ν = 0.3

Les tableaux 4.4 et 4.5 montrent les paramètres d'écrouissage et les coefficients du Lankford expérimentaux dans les trois directions (0°, 45° et 90°) des matériaux considérés.

Coefficients d'écrouissage			Coefficients de Lankford		
K (MPa)	ε_0	n	r_0	r_{45}	r_{90}
673	0.00953	0.131	0.82	1.07	1.04

Tableau 4.4. Les paramètres d'écrouissage et les coefficients du Lankford expérimentaux de HSLA 340

Coefficients d'écrouissage			Coefficients de Lankford		
K (MPa)	ε_0	n	r_0	r_{45}	r_{90}
529.5	0.00445	0.268	2.53	1.84	2.72

Tableau 4.5. Les paramètres d'écrouissage et les coefficients du Lankford expérimentaux de DC 06

Pour simuler l'essai d'emboutissage profond, on a utilisé la méthode des éléments finis moyennant le logiciel « DD3IMP ».

L'essai d'emboutissage consiste alors à fabriquer, à partir d'un flan plan de faible épaisseur, une pièce de forme complexe généralement non développable (figure 4.14).

Une opération de mise en forme par emboutissage se fait à l'aide d'outillage comprenant:

•   Un poinçon sur le quel se cambre et se tend le métal.

•   Une matrice servant d'appui au métal et pouvant parfois être une contre- forme du poinçon.

•   Un serre-flan dont le rôle sera de maintenir la tôle et de freiner l'écoulement du métal vers l'intérieur de la matrice.

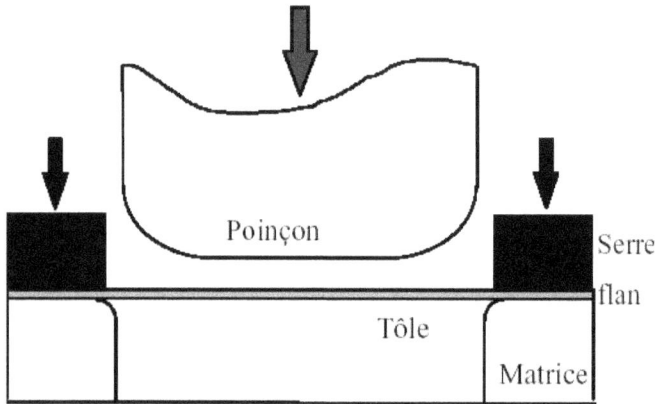

Figure 4.14. Principe de l'essai d'emboutissage

Au cours de sa déformation, le métal est soumis simultanément à deux modes de sollicitations:

- Des déformations en expansions sur le nez du poinçon qui s'effectuent au détriment de l'épaisseur.

- Des déformations en retreint qui résultent d'un écoulement de matière sous serre-flan convergeant vers l'intérieur de la matrice et aux quelles s'associe un champ de contraintes Compressif dans le plan de la tôle.

Tout l'art de l'emboutissage consiste en fait à réaliser le meilleur compromis possible entre les déformations des deux types en jouant sur les divers paramètres qui contrôlent l'écoulement du métal dans l'outil. Ces principaux paramètres sont :

- L'épaisseur initiale de la tôle.

- La loi de comportement du matériau et l'anisotropie de ce dernier.

- La vitesse du poinçon.

- La position du flan initial et le dimensionnement du contour initial.

- La force de serrage du serre-flan et les coefficients de frottement.

La réalisation d'un essai d'emboutissage s'avère donc complexe, et sa réussite est souvent liée à l'expérience. En effet, l'emboutissage se définit par une transformation permanente d'une feuille de métal en une forme tridimensionnelle par l'action d'outils. Ce qui permet en exergue les aspects suivants :

- Les grandes transformations géométriques d'une structure mince.

- Le comportement élasto-plastique anisotrope du matériau.

- Les contacts et les frottements entre les outils et la tôle.

La géométrie et les dimensions des outils de l'essai sont données par la figure 4.15. Le flan circulaire de diamètre D_0 et d'épaisseur e_0 est préalablement posé sur une matrice aux dimensions extérieures de la pièce (D_m) avec un rayon d'entrée matrice R_m. Le flan est maintenu en place à l'aide d'un serre-flan sur lequel un effort F_s est appliqué. Le poinçon avec un diamètre D_p et un rayon R_p vient alors enfoncer la tôle à l'intérieur de la matrice, sous l'action d'un effort F_p.

$D_0 = 120$ mm

$D_p = 60$ mm

$D_m = 62.4$ mm

$R_p = 5$ mm

$R_m = 10$ mm

$e_0 = 1$ mm

$Fs = 50$ kN

$\mu = 0.05$

$V_p = 5$ mm/s

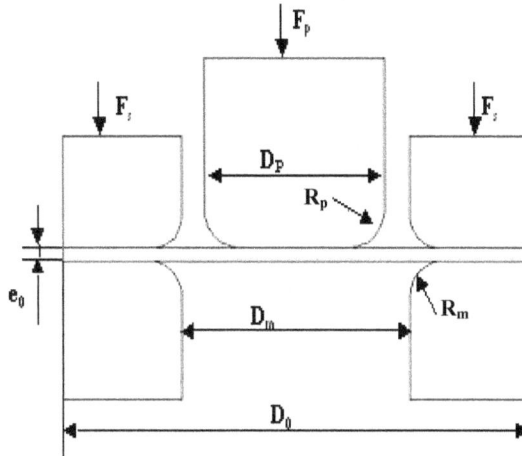

Figure 4.15. Géométrie de l'essai d'emboutissage

Un modèle axisymétrique a été adopté pour simuler cet essai. Les résultats des simulations numériques de cet essai sont donnés sur les figures 4.16 et 4.17. Nous représentons les isovaleurs du déplacement suivant l'axe Z et de la contrainte équivalente de Von Mises dans la structure. Nous constatons une répartition non homogène de ces grandeurs.

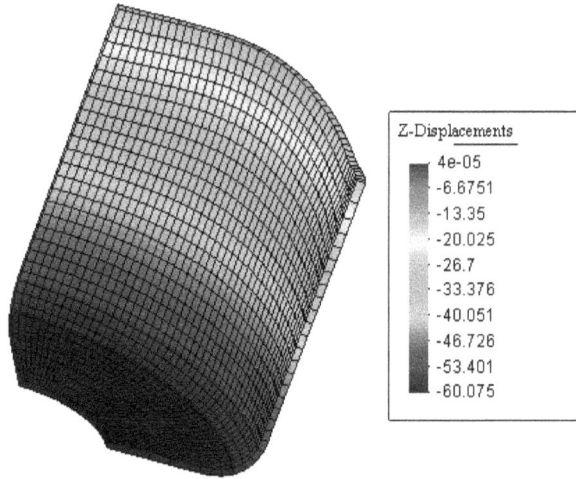

(a)

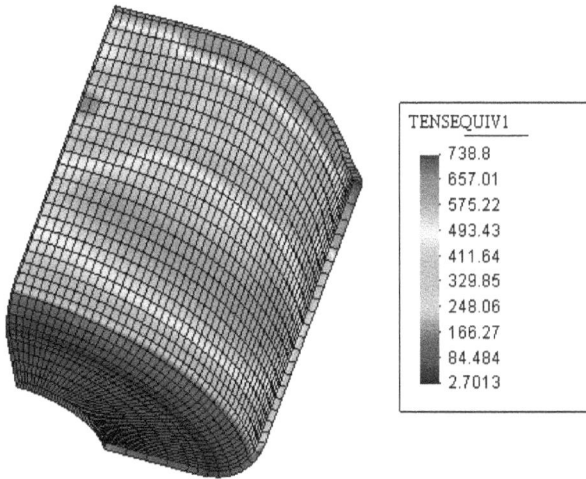

(b)

Figure 4.16. Les isovaleurs du déplacement Z (a) et de la contrainte équivalente (b) pour le HSLA 340

(a)

(b)

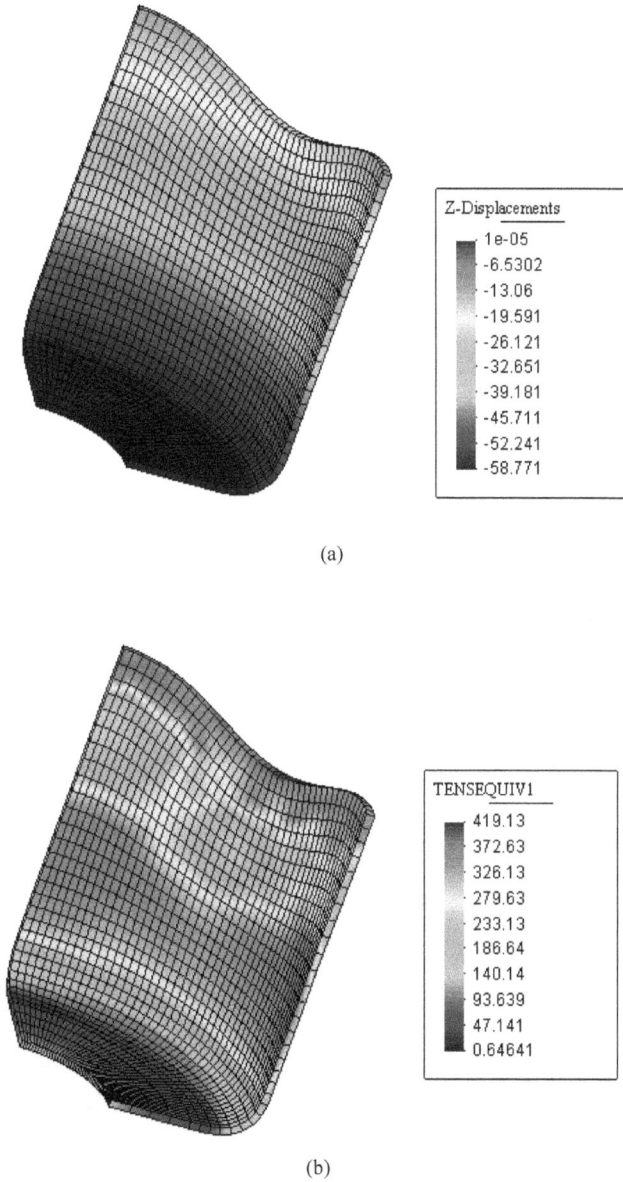

Figure 4.17. Les isovaleurs du déplacement Z (a) et de la contrainte équivalente (b) pour le DC 06

Les figures 4.19 et 4.20 présentent la variation de la hauteur de l'embouti Z en fonction de l'angle et l'évolution de l'épaisseur de l'acier HSLA 340. Ces paramètres sont menés lors de l'analyse expérimentale de cet essai (figure 4.18).

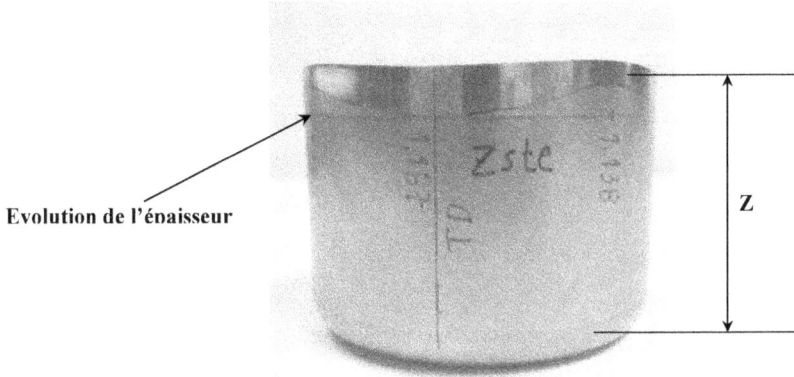

Evolution de l'épaisseur

Figure 4.18. Forme de l'embouti

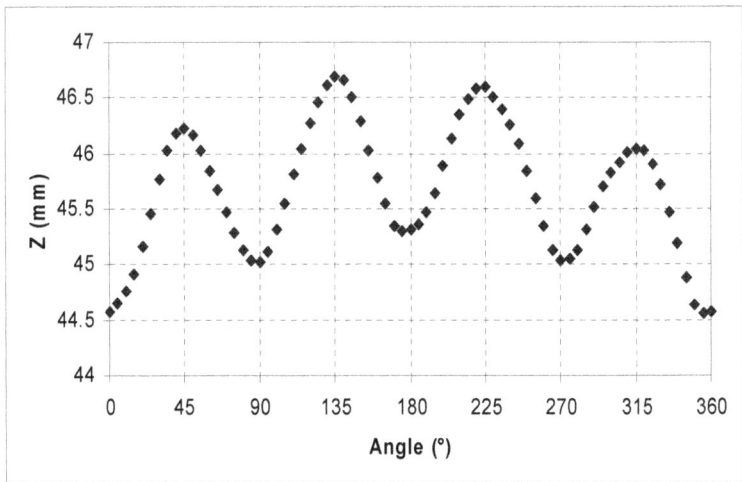

Figure 4.19. Variation de la hauteur Z en fonction de l'angle pour le HSLA 340

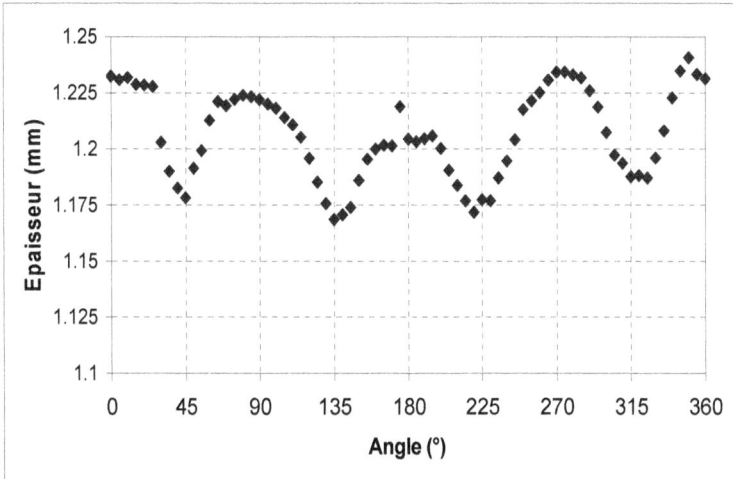

Figure 4.20. Evolution de l'épaisseur pour le HSLA 340

Les figures 4.21 et 4.22 présentent la variation de la hauteur de l'embouti Z en fonction de l'angle et l'évolution de l'épaisseur de l'acier DC 06.

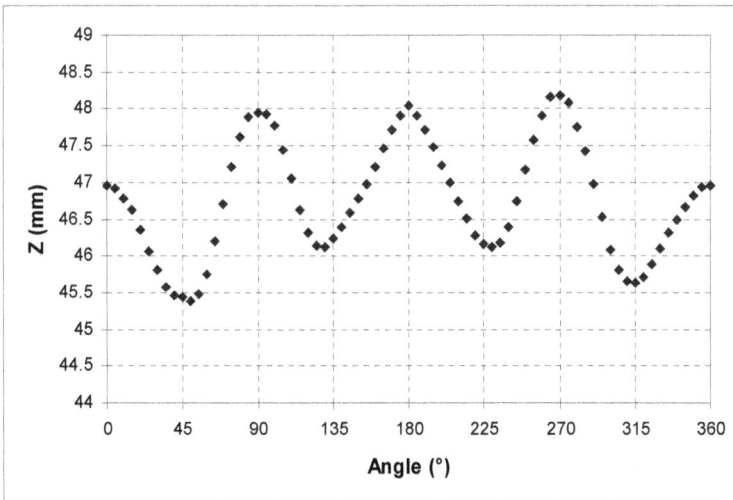

Figure 4.21. Variation de la hauteur Z en fonction de l'angle pour le DC 06

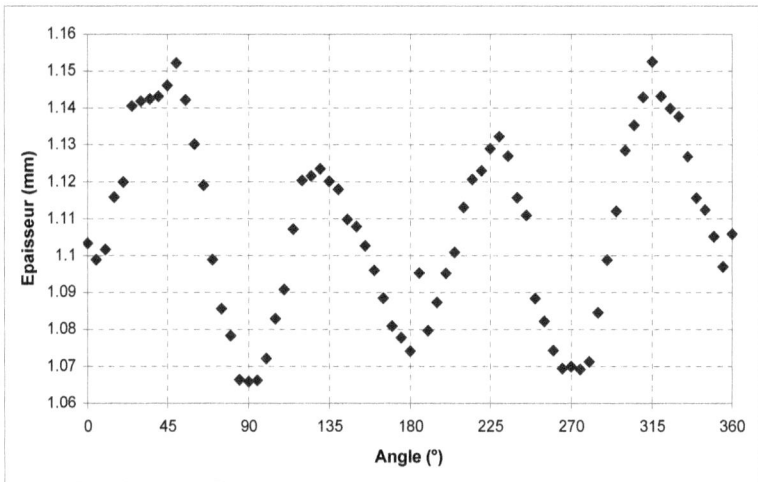

Figure 4.22. Evolution de l'épaisseur pour le DC 06

4.5.2 Stratégie adoptée

Dans l'approche proposée, des simulations EF avec le code de calcul « DD3IMP » sont effectuées pour créer les bases de données qui seront utilisées pour construire et réaliser l'apprentissage des modèles de réseaux de neurones artificiels (RNA). Une fois l'apprentissage est réalisé, ces modèles RNA permettent de prédire la réponse globale de l'essai d'emboutissage profond pour un jeu donné de paramètres de matériau. Alors ces paramètres peuvent être obtenus par une routine d'optimisation classique basée sur la méthode BFGS pour réduire au minimum l'erreur entre la réponse expérimentale et la réponse prédite (par le modèle RNA).

Conformément aux hypothèses présentées précédemment, il y aura trois paramètres d'anisotropie (r_0, r_{45}, r_{90}) à identifier à partir de l'essai d'emboutissage proposé. Pour produire la taille des bases de données pour construire les modèles RNA, des simulations EF seront effectuées pour les différents jeux de paramètres de matériau. Si trois niveaux pour chaque paramètre sont pris, le nombre de simulations EF est 27. Ce nombre peut être réduit en considérant un plan d'expérience optimal : Box de Behnken (15 simulations au lieu de 27).

Une gamme des matériaux a été définie par variation des paramètres opératoires du procédé. Chaque valeur de chaque variable est choisie à plus au moins 40 % par rapport à la valeur expérimentale identifiée à partir de l'essai de traction simple. Ce qui donne les tableaux 4.6 et 4.7.

Les modèles RNA (3- 16 -19) sont alors formés par trois neurones dans la couche d'entrée, seize neurones dans la couche cachée et dix-neuf neurones dans la couche de sortie (figure 4.23). Les neurones de la couche d'entrée correspondent aux paramètres à identifier à partir de l'essai d'emboutissage. Les neurones de la couche de sortie représentent la réponse de cet essai aux paramètres donnés d'entrée. Les dix-neuf valeurs sont les hauteurs de l'embouti suivant l'axe Z.

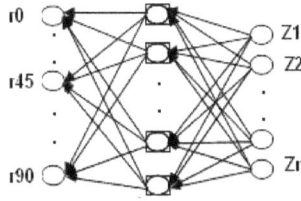

Figure 4.23. Architecture des modèles RNA

Niveaux	r_0	r_{45}	r_{90}
1	0.492	0.642	0.624
2	0.82	1.07	1.04
3	1.148	1.498	1.456

Tableau 4.6. Niveaux et valeurs des paramètres d'anisotropie pour le HSLA 340

Niveaux	r_0	r_{45}	r_{90}
1	1.518	1.1042	1.632
2	2.53	1.84	2.72
3	3.542	2.576	3.808

Tableau 4.7. Niveaux et valeurs des paramètres d'anisotropie pour le DC 06

Comme c'est déjà cité précédemment, les paramètres matériels peuvent être obtenus par une routine d'optimisation classique pour réduire au minimum l'écart entre la réponse expérimentale celle prédite par les modèles RNA. Le problème d'optimisation est alors formulé de la manière suivante :

$$E(X) = \frac{1}{n} \sqrt{\sum_{i=1}^{n} \left(\frac{R_i^{\exp}(X) - R_i^{ANN}(X)}{R_i^{\exp-Max}} \right)^2} \qquad (4.3)$$

Où $E(X)$ représente l'erreur entre la réponse expérimentale et la réponse obtenue par les modèles RNA. X représente les paramètres à identifier $X = [r_0, r_{45}, r_{90}]$.

4.5.3 Résultats et analyses

Les paramètres expérimentaux obtenus à partir de l'essai de traction simple sont utilisés dans des simulations numériques de l'emboutissage profond. Les résultats de ces simulations et les mesures expérimentales sont donnés dans les figures 4.24 et 4.25. La comparaison des courbes expérimentales et numériques montre un grand écart. Le but de notre identification est de trouver les valeurs des paramètres qui réduisent cet écart entre ces courbes. Nous constatons que le Modèle RNA permet de prédire la hauteur Z de l'embouti. Ainsi, les calculs EF peuvent être substitués par les modèles RNA.

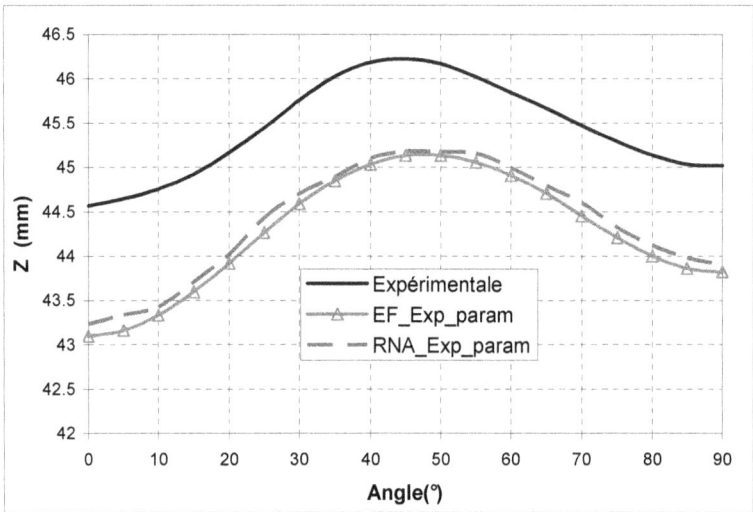

Figure 4.24. Comparaison entre les réponses expérimentales, celles données par EF et par RNA de HSLA 340

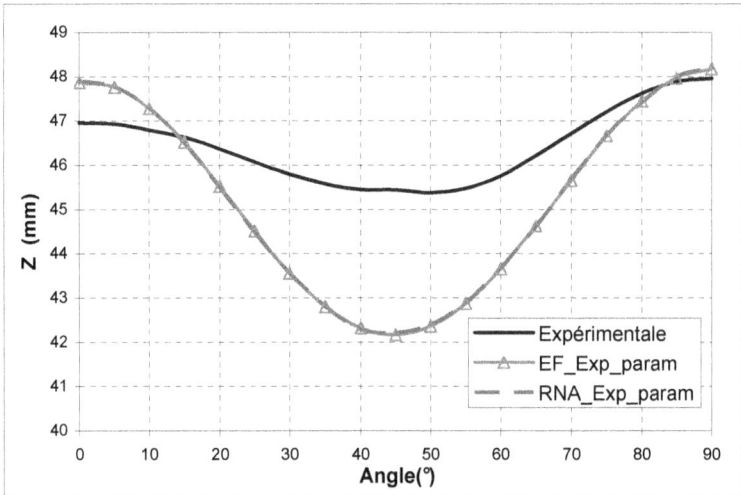

Figure 4.25. Comparaison entre les réponses expérimentales, celles données par EF et par RNA de DC 06

Pour valider notre approche d'identification, les paramètres identifiés sont utilisés dans des simulations par éléments finis de l'essai considéré. Les résultats de ces simulations (figures 4.26 et 4.27) sont comparés aux précédents (figures 4.24 et 4.25). Ces courbes sont nommées ''EF_Identif_param''.

Les tableaux 4.8 et 4.9 montrent les comparaisons entre les paramètres expérimentaux et ceux identifiés pour les deux matériaux considérés.

	r_0	r_{45}	r_{90}
Valeurs Expérimentales	0.82	1.07	1.04
Valeurs Identifiées	0.87	1.02	0.99

Tableau 4.8. Valeurs expérimentales et identifiées des paramètres de HSLA 340

	r_0	r_{45}	r_{90}
Valeurs Expérimentales	2.53	1.84	2.72
Valeurs Identifiées	3.47	3	3.39

Tableau 4.9. Valeurs expérimentales et identifiées des paramètres de DC 06

Les figures 4.26 et 4.27 montrent que l'écart entre les courbes expérimentales et numériques a été minimisé pour les deux matériaux. Les résultats du premier matériau (HSLA 340) sont meilleurs que ceux du deuxième matériau (DC 06). Pour ce dernier, un écart persiste encore qui peut être expliqué par l'insuffisance du critère de Hill'48 et du modèle d'écrouissage pour décrire le comportement du matériau au cours de l'essai d'emboutissage. D'où la nécessité d'identifier les paramètres de l'écrouissage pour ce matériau.

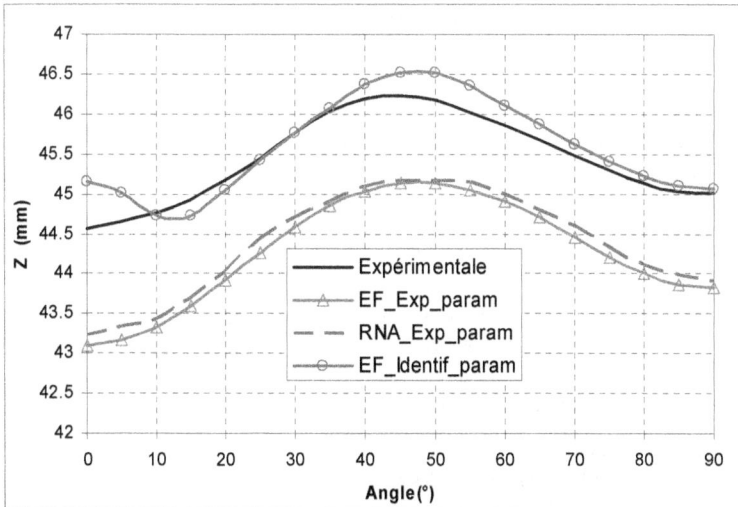

Figure 4.26. Comparaison entre les réponses de HSLA 340

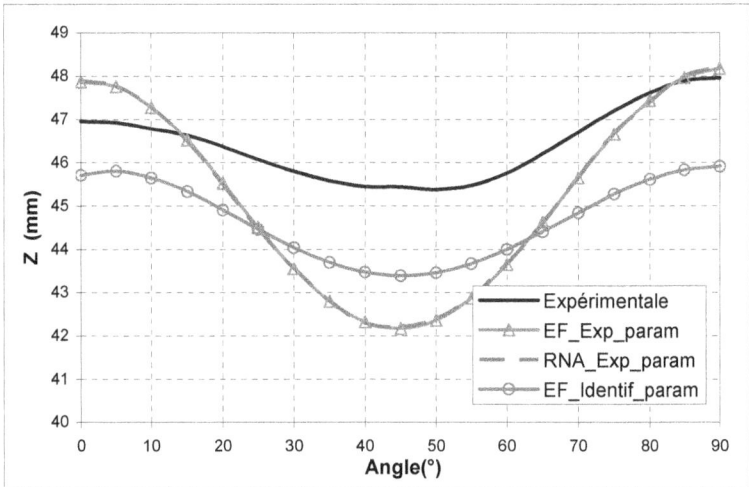

Figure 4.27. Comparaison entre les réponses de DC 06

4.6   Conclusions

Dans cette étude, une procédure d'identification inverse couplée à un réseau de neurones artificiel (RNA) est proposée. Cette stratégie est développée pour identifier la courbe d'écrouissage et les coefficients d'anisotropie du critère de Hill'48.

Dans la première étape, une base de données de résultats numériques est produite pour chaque essai (gonflement hydraulique et de traction plane) en utilisant les simulations par élément finis. Une analyse de sensibilité des paramètres du matériau et les plans d'expériences optimaux sont utilisés pour réduire la taille de ces bases de données. Ces dernières sont, alors, utilisées pour construire les modèles RNA. Leurs apprentissages sont faits par les bases de données réduites déjà générées. Dans la seconde étape, ces modèles sont utilisés pour remplacer les calculs par éléments finis dans les deux démarches d'identification proposées. Nous avons remarqué qu'il y a diminution de l'écart entre les courbes numériques et expérimentales dans les deux essais. Les résultats de la deuxième démarche sont plus proches des résultats expérimentaux que ceux obtenus par la première démarche.

Une autre application de cette méthode a été réalisée pour identifier les coefficients d'anisotropie du critère de Hill'48 à partir de l'essai d'emboutissage profond. Les résultats trouvés montrent une amélioration, donc une diminution de l'écart entre les courbes expérimentales et numériques. Mais un écart persiste entre les réponses du matériau DC 06 qui peut être expliqué par l'insuffisance du critère de Hill'48 et du modèle d'écrouissage pour décrire le comportement du matériau. Il pourrait être envisagé d'identifier les paramètres d'écrouissage aussi.

L'approche utilisée est une méthode efficace pour identifier les paramètres du matériau parce qu'elle a un potentiel considérable pour résoudre les problèmes de temps de calcul comparé à l'identification inverse classique sans perte de précision où cette stratégie est couplée à un code de calcul par éléments finis.

Chapitre 5

Identification de modèles de comportement par une méthode hybride : RNA-optimisation Multi objectif

5.1 Introduction

L'identification simultanée des paramètres de comportement à partir de plusieurs essais mécaniques permet de minimiser l'écart entre les résultats expérimentaux et numériques. En effet, le problème d'identification se ramène à plusieurs minimisations d'écarts entre les mesures et les résultats du modèle. Le problème résultant alors est converti en un problème d'optimisation multi-objectif [Debasis et Jayant 2005].

Dans ce chapitre, nous avons développé une méthode hybride d'optimisation multi-objectif couplée avec les Réseaux de Neurones Artificiels (RNA). Cette stratégie a été appliquée pour identifier les paramètres de la loi d'écrouissage de Voce et ceux du critère de Hill'48 avec plasticité associée de l'acier Inox AISI 304. La loi d'évolution avec plasticité non associée et le critère de Karafillis et Boyce sont par la suite considérés. Pour cela, deux essais mécaniques sont utilisés (traction plane et gonflement hydraulique). Pour réduire la taille des bases de données, nous avons utilisé les plans d'expériences optimaux (Box de Behnken et Plackett-Burman). Finalement, les paramètres du modèle d'endommagement sont identifiés à partir de l'essai du gonflement hydraulique.

5.2   Méthode hybride : RNA- optimisation Multi objectif

La méthode inverse d'identification consiste à trouver les paramètres qui réduisent au minimum la différence entre une réponse prévue par la méthode des éléments finis et une réponse expérimentale. L'inconvénient principal de cette approche, c'est qu'elle nécessite un temps de calcul long et particulièrement lorsque plus qu'un essai expérimental est employé. Afin d'éviter cette restriction, nous substituons les simulations EF par le modèle RNA pendant la boucle d'optimisation. Les simulations EF des essais expérimentaux considérés sont nécessaires pour l'apprentissage des modèles RNA. Puisque la réponse prédite du modèle RNA est très rapide, plusieurs essais peuvent être employés en parallèle afin d'identifier les paramètres du matériau. Par conséquent, le problème d'identification peut être alors converti en un problème d'optimisation multi-objectif (figure 5.1).

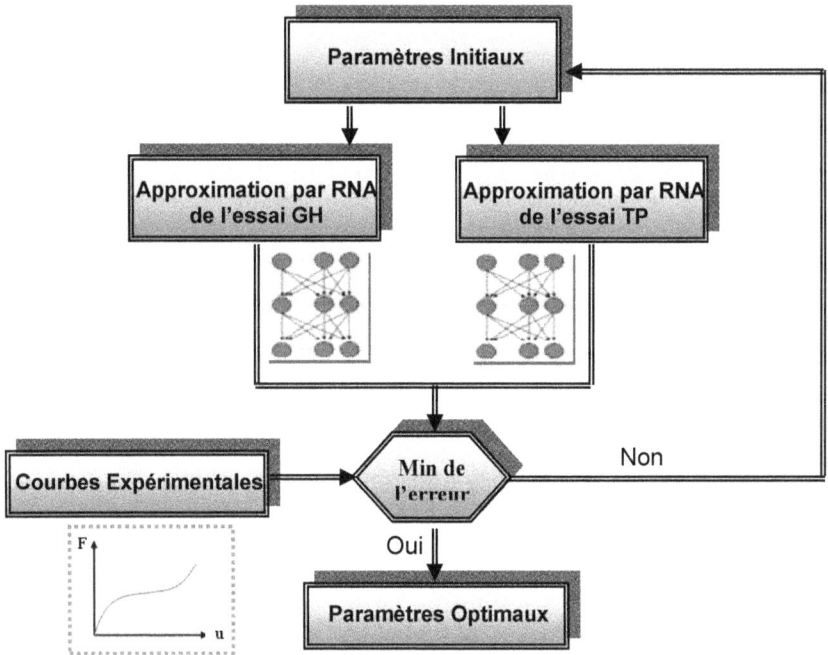

Figure 5.1. Schéma d'identification

5.2.1   Modèles RNA

Un perceptron multicouche avec rétropropagation d'erreur est employé pour établir les modèles RNA. Ces modèles sont constitués par une couche d'entrée, une couche cachée et une couche de sortie. Les neurones de la couche d'entrée représentent les paramètres à identifier. Les valeurs dans la couche de sortie sont la réponse globale de l'essai sous les charges appliquées.

La première étape de la procédure d'identification consiste à effectuer des simulations numériques des essais expérimentaux utilisant divers jeux de paramètres du matériau. Chaque simulation calcule la réponse globale du matériau correspondant. Alors, les réponses sont stockées dans deux bases de données qui sont utilisées pour l'apprentissage de deux modèles RNA. Une fois l'apprentissage est effectué, le modèle RNA peut fournir des approximations de la réponse globale de l'essai pour un jeu de paramètres donné. Après, les paramètres du matériau peuvent être obtenus par la routine d'optimisation pour réduire simultanément au minimum l'erreur entre la réponse expérimentale et celle prédite par le modèle RNA. Pour cette raison une routine d'optimisation multi-objectif couplée avec un modèle RNA est adoptée pour identifier les paramètres du critère de Hill'48 avec plasticité associée et non associée et les paramètres du critère de Karafillis et Boyce ainsi que ceux de la loi d'écrouissage de Voce de l'acier Inox AISI 304.

5.2.2 Optimisation multi-objectif

Un problème général d'optimisation multi-objectif [Debasis et Jayant 2005] se compose d'un certain nombre d'objectifs à optimiser simultanément et il est associé à un certain nombre de contraintes d'égalité et d'inégalité. Il peut être formulé comme suit:

$$Minimiser \ F_i(x) \qquad i = 1,...,N_{obj}$$

$$Subject \ to : \begin{cases} g_j(x) = 0 & j = 1,...,M \\ h_k(x) \leq 0 & k = 1,...,K \end{cases} \qquad (5.1)$$

Où F_i est la $i^{ème}$ fonction objectif, x est un vecteur de décision qui représente une solution, N_{obj} est le nombre d'objectifs, g_j est le $j^{ème}$ vecteur de contrainte d'égalité et de h_k est le $k^{ème}$ vecteur de contrainte d'inégalité.

La solution x^1 domine x^2 si les deux conditions suivantes sont vérifiées:

$$\begin{aligned} 1. & \quad \forall i \in \left\{1,2,...,N_{obj}\right\}: \ F_i(x^1) \leq F_i(x^2) \\ 2. & \quad \exists j \in \left\{1,2,...,N_{obj}\right\}: \ F_j(x^1) < F_j(x^2) \end{aligned} \qquad (5.2)$$

Si une des conditions ci-dessus n'est pas vérifiée, la solution x^1 ne domine pas la solution x^2. Si x^1 domine toutes les solutions, x^1 s'appelle la solution non-dominée. Les solutions qui sont non-dominées dans l'espace entier de recherche constituent le front de Pareto optimal.

Dans cette étude, nous employons la méthode « Goal Attainment Method » de Gembicki [Gembicki 1974] afin de résoudre le problème d'optimisation. Ceci nous permet d'exprimer un ensemble de buts de conception $F^* = \left\{F_1^*, F_2^*,...,F_{Nobj}^*\right\}$, qui est associé à l'ensemble des objectifs, $F(x) = \left\{F_1(x), F_2(x),...,F_{Nobj}(x)\right\}$ et qui est exprimé comme un problème standard d'optimisation à un seul objectif γ en utilisant la formulation suivante :

$$Minimiser \ \gamma \ , \gamma \in R, x \in \Omega \qquad (5.3)$$

$$Tels \ que$$

$$\begin{cases} F_i(x) - w_i \gamma \leq F_i^* & i = 1,...,Nobj \\ x_k \in \left[x_{k\min} \quad x_{k\max}\right] & ; \end{cases}$$

Où x est le vecteur des paramètres à identifier, x_k est le $k^{\grave{e}me}$ composant de x, $x_{\min}$ et x_{max} sont les limites physiques de chaque paramètre, wi est un coefficient poids de pondération et F_i^* est le but (ou l'objectif) à atteindre.

Pour notre cas, la fonction F_i $(i = 1..., N_{obj})$ est l'erreur entre la mesure expérimentale et la réponse du modèle RNA pour le $i^{\grave{e}me}$ essai. Elle a la forme suivante:

$$F_i(x) = \frac{1}{n}\sqrt{\sum_{l=1}^{n}\left(\frac{R_{il}^{\exp}(x) - R_{il}^{ANN}(x)}{R_i^{\exp-\max}}\right)^2} \tag{5.4}$$

Où n est le nombre de points des mesures, R_i^{exp} est une mesure expérimentale, $R_i^{exp-max}$ est un maximum des mesures expérimentales et R_i^{ANN} est une réponse de l'essai prédite par RNA.

5.3   Identification des paramètres de modèle de Hill (1948)

L'identification des paramètres de ce modèle en contraintes planes nécessite la donnée :

- de la courbe d'écrouissage $\sigma_s(\alpha)$,

- et des coefficients d'anisotropie du critère F, G, H et N.

La contrainte seuil utilisée est donnée par la loi de VOCE :

$$\sigma_s(\alpha) = \sigma_0 + R_{sat}\left[1 - \exp(-C_R\alpha)\right] \tag{5.5}$$

Où σ_0 est la valeur initiale de l'écrouissage isotrope, R_{sat} est la valeur de saturation de l'écrouissage isotrope, C_R est la vitesse d'évolution de l'écrouissage et α est le multiplicateur plastique.

Le tableau 5.1 montre les paramètres d'écrouissage et les coefficients du Lankford expérimentaux dans les trois directions (0°, 45° et 90°).

Coefficients d'écrouissage			Coefficients de Lankford		
σ_0 (MPa)	R_{sat} (MPa)	C_R	r_0	r_{45}	r_{90}
329	1336	2.052	1.24	0.99	1.2

Tableau 5.1. Les paramètres d'écrouissage et les coefficients du Lankford expérimentaux.

Pour ce modèle, il y a six paramètres à identifier (les paramètres du critère de Hill'48 ainsi que ceux de la loi d'écrouissage de Voce) à partir de deux essais (traction plane et gonflement hydraulique).

Pour réduire la taille de deux bases de données, on a utilisé les plans d'expériences optimaux appelés : Box de Behnken [Box et al. 1978]. Ces bases sont produites par 54 simulations numériques pour chaque essai.

Les figures ci-dessus (5.2 et 5.3) nous montrent l'erreur quadratique moyenne et la validation de la phase d'apprentissage sur des exemples pris hors des bases de données.

Pour l'essai de gonflement hydraulique, le modèle RNA est de type (6 - 16 - 12). Les neurones de la couche d'entrée correspondent aux paramètres à identifier. Les douze valeurs de sortie sont les déplacements du point central du flanc correspondant aux valeurs données de la pression imposée P.

Pour l'essai de traction plane, le modèle RNA est de type (6 - 12 - 12). Les douze valeurs dans la couche de sortie sont les déplacements du point de référence choisi à l'extrémité de la tôle correspondant aux valeurs indiquées de la force imposée.

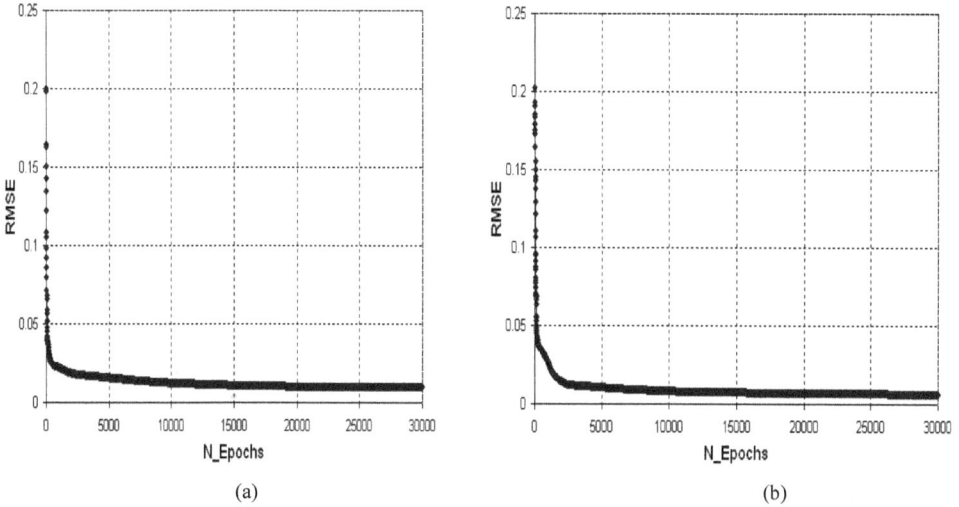

(a)   (b)

Figure 5.2. Erreur quadratique moyenne pour l'essai de gonflement hydraulique (a) et pour l'essai de traction plane (b)

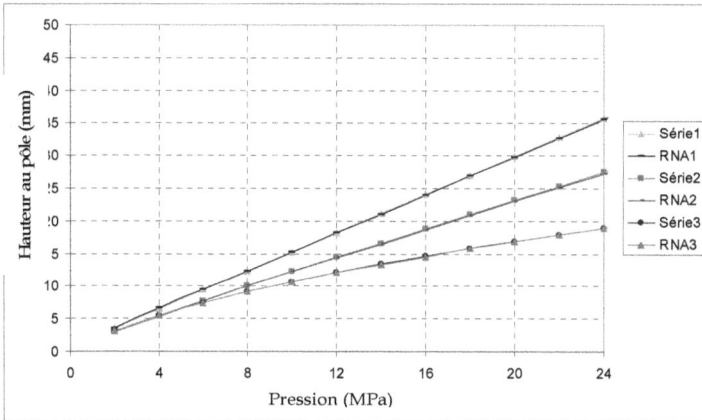

(a)

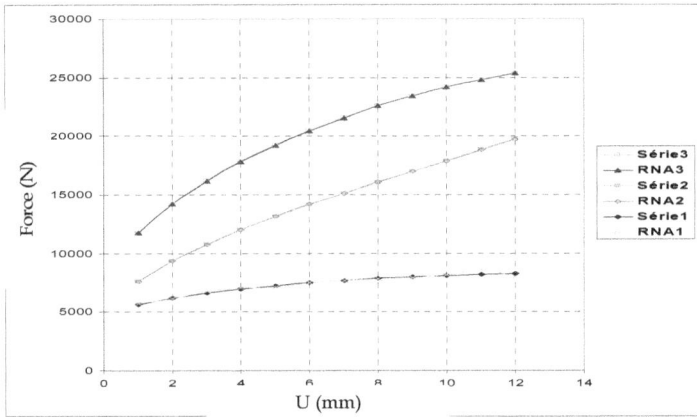

(b)

Figure 5.3. Validation de la phase d'apprentissage pour l'essai de gonflement hydraulique (a)
et de l'essai de traction plane (b)

Les paramètres à identifier sont par la suite fournis par une procédure d'optimisation qui fait appel aux RNA pour construire les fonctions objectifs. Puisqu'on a deux fonctions à minimiser dans la présente identification, on a utilisé la procédure d'optimisation multi-objectif (5.4). Il y a deux fonctions à minimiser $F_1(x)$ et $F_2(x)$: ($F_1(x)$ et $F_2(x)$ représentent les erreurs entre les réponses expérimentales et les réponses obtenues par les modèles RNA pour l'essai de gonflement hydraulique et de traction plane respectivement. x représente les paramètres à identifier $x = \left[R_{sat}, C_r, \sigma_0, r_0, r_{45}, r_{90} \right]$).

Les paramètres expérimentaux sont obtenus à partir de l'essai de traction simple. Ces paramètres sont utilisés dans des simulations par éléments finis du gonflement hydraulique et de la traction plane. La comparaison des courbes expérimentales et numériques montre un grand écart particulièrement dans l'essai de traction plane. Le but de notre identification est de trouver les valeurs des paramètres qui réduisent au minimum cet écart.

Cette routine d'optimisation multi-objectif utilisée est basée sur le principe de la prédominance de Pareto. Après l'exécution de cette routine, les solutions optimales obtenues forment le front de Pareto optimal (figure 5.4). Ce front est composé de trois zones. Dans la zone 1, l'essai de gonflement hydraulique est favorisé. La zone 2 correspond au minimum des deux fonctions objectifs. Ainsi, l'écart est simultanément réduit entre la réponse expérimentale et la réponse prédite pour les deux essais. Dans la zone 3, l'essai de traction plane est favorisé.

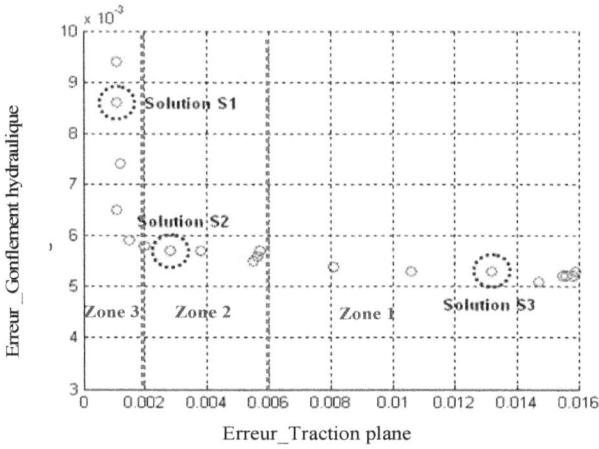

Figure 5.4. Front de Pareto

Le tableau 5.2 montre la comparaison entre les paramètres du matériau expérimentaux et ceux identifiés pour trois solutions choisies de ce front.

Paramètres	Valeurs Expérimentales	Valeurs de S1	Valeurs de S2	Valeurs de S3
σ_0 (MPa)	329	292	275	250
R_{sat} (MPa)	1336	1162	1098	1519
C_R	2.05	2.01	2.31	1.76
r_0	1.24	1.10	1.17	1.00
r_{45}	0.99	0.80	0.70	0.70
r_{90}	1.20	1.17	1.03	1.08

Tableau 5.2. Valeurs expérimentales et identifiées des paramètres

Pour valider cette approche, les paramètres identifiés sont utilisés dans des simulations par éléments finis de deux essais (figures 5.5 et 5.6). Ces courbes sont nommés "Validation S1, S2, S3". Les résultats de ces simulations sont comparés avec ceux expérimentaux et ceux obtenus avec EF en utilisant les paramètres expérimentaux (sont nommés "EF_Exp_Param").

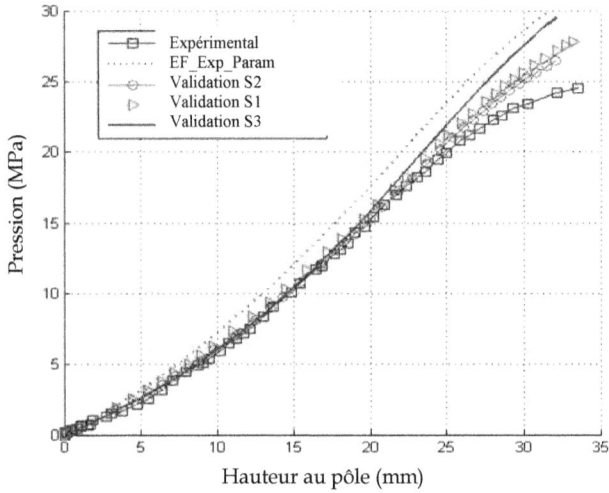

Figure 5.5. Comparaison entre les réponses de l'essai de gonflement hydraulique
pour les trois solutions choisies

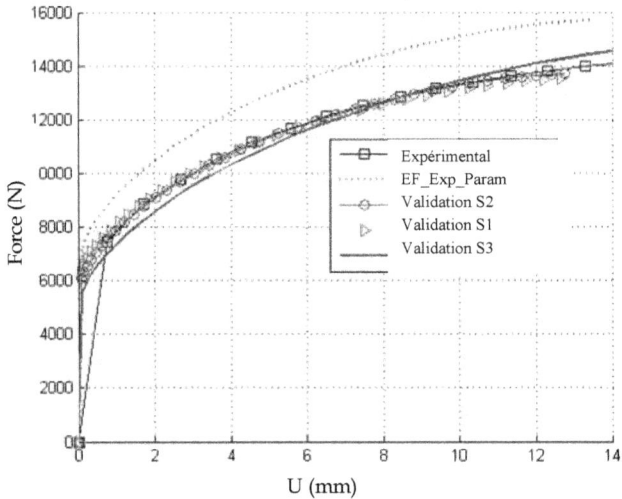

Figure 5.6. Comparaison entre les réponses de l'essai de traction plane
pour les trois solutions choisies

D'après les figures 5.5 et 5.6, il est clair que les résultats de notre stratégie proposée pour la deuxième solution sont plus proches des mesures expérimentales. Cependant, nous avons noté qu'un petit écart est apparu dans la partie finale (au pôle) de la courbe de l'essai de gonflement hydraulique

(Figure 5.5). Ceci peut être expliqué par la limitation du critère de Hill pour décrire le comportement du matériau testé.

Pour une meilleure comparaison des résultats, une simulation par éléments finis utilisant les paramètres identifiés d'un essai de gonflement hydraulique avec matrice elliptique (45°) est réalisée. La figure 5.7 montre une comparaison entre la réponse expérimentale et la réponse identifiée de l'essai de gonflement hydraulique elliptique. Nous pouvons voir que l'écart diminue comme il est dans l'essai de gonflement hydraulique circulaire.

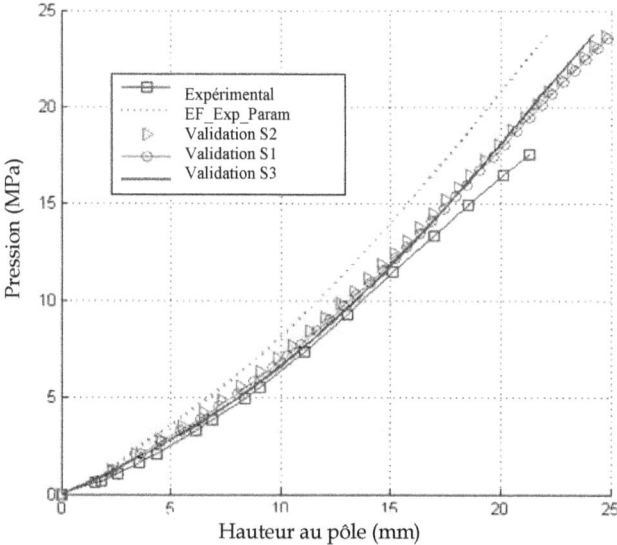

Figure 5.7. Comparaison entre les réponses de l'essai de gonflement hydraulique elliptique pour les trois solutions choisies

5.4   Comparaison des temps de calcul

Le procédé d'optimisation exige un nombre élevé des fonctions d'évaluations parce que nous identifions un grand nombre de paramètres (six paramètres). Par conséquent, la détermination d'un point du front de Pareto demande habituellement de plus de cent évaluations de fonctions objectives. La comparaison du temps de calcul est basée sur ce nombre (tableau 5.3). En effet, supposons que le temps d'apprentissage des 54 simulations est de 20 min * 54 et que le temps de calcul d'un point pour les méthodes couplées avec les RNA est de 0.1 min et de 20 min pour les méthodes couplées avec les calculs EF. De ce tableau, nous déduisons que toute la durée de calcul prise par la stratégie proposée est très faible comparée à l'approche inverse classique où le procédé d'optimisation est couplé à un code de calcul par éléments finis. Il représente moins de 6 pour cent.

	Méthodes couplées avec RNA	Méthodes couplées avec EF
Temps d'apprentissage (min)	54 * 20	-
Nb d'itérations	100	100
CPU time pour 1 point (min)	100 * 0.1	100 * 20
CPU time pour 10 point (min)	10 * 100 * 0.1	10 * 100 * 20
Temps total (h)	≈ 20	≈ 334

Tableau 5.3. Comparaison du temps de calcul

5.5   Identification des paramètres de modèle de Hill non associé

L'identification des paramètres de ce modèle nécessite la donnée :

- de la courbe d'écrouissage $\sigma_s(\alpha)$,

- des coefficients d'anisotropie du critère F, G, H et N,

- des coefficients d'anisotropie du potentiel plastique F', G', H' et N'.

Si nous imposons les relations suivantes : $G + H = 1$ et $G' + H' = 1$, alors l'identification de ce modèle nécessite la détermination de six coefficients a_1, a_2, a_3, a_1', a_2' et a_3'. Les trois premiers coefficients du critère sont exprimés en fonction des coefficients d'anisotropie de Hill (F, G, H et N), alors que les trois autres coefficients sont exprimés en fonction des paramètres du potentiel plastique F', G', H' et N' [Khalfallah 2004].

$$a_1 = \frac{F + G + 4H - 2N}{4(G+H)} \;\; ; \;\; a_2 = \frac{F-G}{2(G+H)} \;\; ; \;\; a_3 = \frac{G-H}{2(G+H)} \quad (5.6)$$

$$a_1' = \frac{F' + G' + 4H' - 2N'}{4(G'+H')} \;\; ; \;\; a_2' = \frac{F'-G'}{2(G'+H')} \;\; ; \;\; a_3' = \frac{G'-H'}{2(G'+H')} \quad (5.7)$$

Les coefficients d'anisotropie du potentiel plastique sont identifiés à partir des coefficients expérimentaux d'anisotropie de Lankford dans les différentes directions (tous les 15° par rapport à la direction de laminage) ψ par rapport à la direction de laminage. La procédure d'identification des ces coefficients consiste à chercher les paramètres a_1', a_2' et a_3' de telle sorte que la différence entre les coefficients d'anisotropie de Lankford expérimentaux et ceux calculés par la relation suivante soit minimale.

$$r(\psi) = \frac{H' + (2N' - F' - G' - 4H')\sin^2 \psi \cos^2 \psi}{F'\sin^2 \psi + G'\cos^2 \psi} \quad (5.8)$$

L'identification des coefficients d'anisotropie du critère a_1, a_2, a_3 est effectuée à partir des courbes d'écrouissage des essais de traction hors axes dans toutes directions disponibles par rapport à la direction de laminage en minimisant l'écart $E(a_1, a_2, a_3)$ entre les courbes d'écrouissage expérimentales et celles calculées :

$$E(a_1, a_2, a_3) = \sum_{\psi} \sqrt{\frac{1}{N} \sum_{i}^{N} \left(\frac{\sigma_{i\psi}^{cal}(a_1, a_2, a_3) - \sigma_{i\psi}^{exp}}{\sigma_{i\psi}^{exp}} \right)^2} \qquad (5.9)$$

La contrainte et la déformation, dans le cas du modèle de Hill associé, sont données par les relations suivantes :

$$\sigma_{\psi} = \frac{\sigma_s}{a(\psi)} \quad ; \qquad \varepsilon_{\psi} = \alpha.a(\psi) \qquad (5.10)$$

Avec : $a(\psi) = \sqrt{1 + 2a_2 \sin^2(\psi) - a_1 \sin^2(2\psi)}$

Si la contrainte seuil utilisée est de Voce, la fonction d'écrouissage dans la direction ψ par rapport à la direction de laminage, dans ce cas de modèle non associé est donnée par la relation suivante :

$$\sigma_{\psi} = \frac{1}{a(\psi)}(\sigma_0 + R_{sat}(1 - \exp(-c_r \frac{\varepsilon_{\psi}}{a'(\psi)}))) \quad ; \quad \varepsilon_{\psi} = \alpha.a'(\psi) \qquad (5.11)$$

Où $a'(\psi) = \sqrt{1 + 2a_2' \sin^2(\psi) - a_1' \sin^2(2\psi)}$

Le tableau 5.4 montre les paramètres expérimentaux d'écrouissage et les coefficients d'anisotropie du critère et du potentiel dans trois directions (0°, 45° et 90°) pour le matériau considéré.

Coefficients d'écrouissage			Coefficients d'anisotropie du critère			Coefficients d'anisotropie du potentiel		
σ_0 (MPa)	R_{sat} (MPa)	C_R	r_0	r_{45}	r_{90}	r_0'	r_{45}'	r_{90}'
329	1336	2.052	1.85	0.55	1.51	1.24	0.99	1.2

Tableau 5.4. Les paramètres d'écrouissage et les coefficients d'anisotropie du critère et du potentiel expérimentaux.

Sous les hypothèses présentées précédemment, il y aura trois paramètres d'écrouissage (R_{sat}, C_r, σ_0) et six paramètres pour le modèle d'anisotropie (a_1, a_2, a_3, a_1', a_2' et a_3') à identifier. Deux essais sont suggérés : l'essai traction plane et l'essai de gonflement hydraulique. Afin de former le modèle

RNA, des simulations EF seront effectuées pour différents jeux de paramètres matériels. Donc deux bases de données sont générées.

Les paramètres matériels sont identifiés selon deux démarches :

- *Démarche 1 :*

En référence à Khalfallah et al. [4] le choix suivant pour l'identification des paramètres est suggéré :

- a_1', a_2' et a_3' sont identifiés à partir des coefficients du Lankford expérimentaux dans toutes les directions disponibles,

- a_1 et a_2 sont identifiés à partir de l'essai de traction hors axes (0°, 45° et 90°),

- R_{sat}, C_r, σ_0 et a_3 sont identifiés à partir des essais de traction plane et de gonflement hydraulique en utilisant notre stratégie hybride d'optimisation.

Si trois niveaux pour chaque paramètre sont pris, un plan factoriel complet avec 81 simulations EF pour chaque essai est nécessaire pour former le modèle RNA. Ce nombre peut être réduit en considérant un plan d'expériences optimal appelé « Box-Behnken » [Box et al. 1978]. Dans ce cas, les bases de données numériques sont produites par 38 simulations EF pour chaque essai.

Pour l'essai de traction plane, le modèle RNA est de type (4 - 12 - 12). Les neurones de la couche d'entrée correspondent aux paramètres à identifier. Les douze valeurs dans la couche de sortie sont les déplacements du point de référence choisi à l'extrémité de la tôle correspondant aux valeurs indiquées de la force imposée (Figure 5.8).

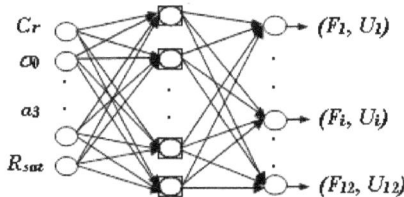

Figure 5.8. Modèle RNA pour l'essai de traction plane

Pour l'essai de gonflement hydraulique, le modèle RNA est de type (4 - 12 - 12). Les neurones de la couche d'entrée correspondent aux paramètres à identifier. Les douze valeurs de sortie sont les déplacements du point central du flanc correspondant aux valeurs données de la pression imposée P (Figure 5.9).

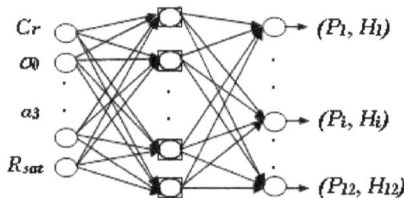

Figure 5.9. Modèle RNA pour l'essai de gonflement hydraulique

- *Démarche 2 :*
- R_{sat}, C_r, σ_0, a_1, a_2, a_3, a_1', a_2' et a_3' sont identifiés à partir des essais de traction plane et de gonflement hydraulique en utilisant notre stratégie hybride d'optimisation. Dans ce cas, deux plans d'expériences, optimaux sont produits par 38 simulations EF pour chaque essai.

Les deux modèles RNA se composent de neuf neurones dans la couche d'entrée, seize neurones dans la couche cachée et douze neurones dans la couche de sortie (9-16-12).

Les fonctions à minimiser sont données comme suit :

$$F_i(x) = \frac{1}{n} \sqrt{\sum_{l=1}^{n} \left(\frac{R_{il}^{\exp}(x) - R_{il}^{ANN}(x)}{R_i^{\exp-\max}} \right)^2} \qquad (5.12)$$

Où $F_1(x)$ et $F_2(x)$ représentent les erreurs entre les réponses expérimentales et les réponses obtenues par les modèles RNA pour l'essai de gonflement hydraulique et de traction plane respectivement. x représente les paramètres à identifier.

5.5.1 Front de Pareto

Les paramètres expérimentaux sont obtenus à partir de l'essai de traction simple. Ces paramètres sont utilisés dans des simulations par éléments finis avec plasticité associée et non associée du gonflement hydraulique et de la traction plane. (Figure 5.13 et Figure 5.14). La comparaison des courbes expérimentales et numériques montre un grand écart dans les deux essais. Le but de notre identification est de trouver les valeurs des paramètres qui réduisent l'erreur entre ces courbes en utilisant les deux essais en même temps. La routine d'optimisation multi objectif utilisée est basée sur le principe de la prédominance de Pareto. Les solutions non dominées qui constituent le front de Pareto (Figure 5.10) sont obtenus en utilisant plusieurs valeurs d'essai de W_i et en considérant $F_i^* = 0$.

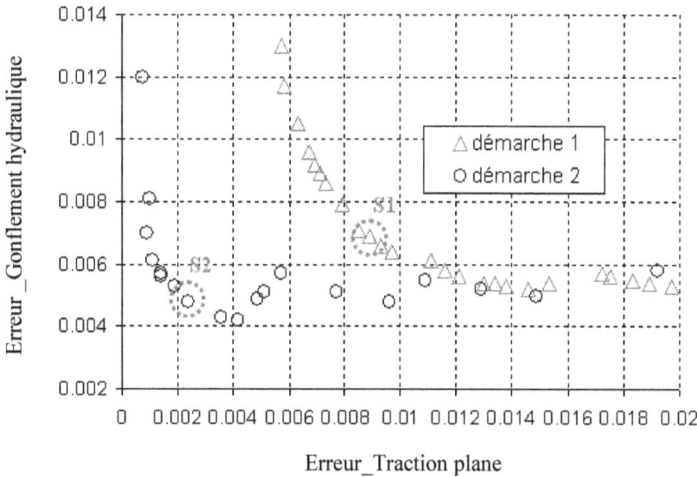

Figure 5.10. Solutions optimales pour la démarche 1 et la démarche 2

5.5.2   Résultats et discussions

On peut choisir n'importe quelle solution non dominée de ce front. Par exemple, nous choisissons ici les solutions S1 (plasticité non associée_démarche 1) et S2 (plasticité non associée_démarche 2).

Les tableaux 5.5 et 5.6 montrent les paramètres identifiés pour les solutions choisies.

Coefficients d'écrouissage identifiés			Coefficients d'anisotropie du critère identifiés			Coefficients d'anisotropie du potentiel identifiés		
σ_0 *(MPa)*	R_{sat} *(MPa)*	C_R	r_0	r_{45}	r_{90}	$r_0{'}$	$r_{45}{'}$	$r_{90}{'}$
286	1000	2.62	1.50	1.73	1.22	1.24	0.99	1.2

Tableau 5.5. Valeurs identifiées des paramètres pour la démarche 1

Coefficients d'écrouissage identifiés			Coefficients d'anisotropie du critère identifiés			Coefficients d'anisotropie du potentiel identifiés		
σ_0 *(MPa)*	R_{sat} *(MPa)*	C_R	r_0	r_{45}	r_{90}	$r_0{'}$	$r_{45}{'}$	$r_{90}{'}$
269	1028	2.61	1.66	0.66	1.48	1.47	0.73	1.32

Tableau 5.6. Valeurs identifiées des paramètres pour la démarche 2

L'ensemble de paramètres correspondant aux solutions S1 et S2 est employé dans des simulations EF des deux essais. Les résultats de ces simulations sont comparés à ceux obtenus avec les paramètres expérimentaux et ceux utilisant le critère Hill'48 avec plasticité associée (Figure 5.11 et Figure 5.12).

Il est clair dans ces figures que les erreurs entre les réponses numériques et expérimentales pour les solutions choisies sont réduites dans les deux essais.

Une faible amélioration des résultats est obtenue avec la plasticité non associée. Les résultats de la première solution S1 sont plus proches des mesures expérimentales que la deuxième solution S2.

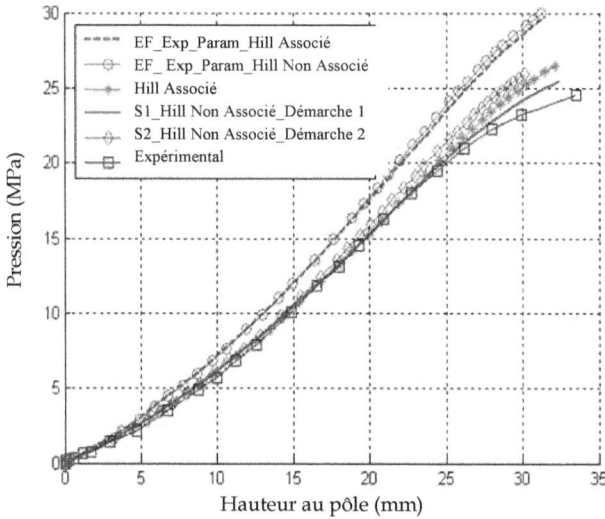

Figure 5.11. Comparaison entre les réponses de l'essai de gonflement hydraulique

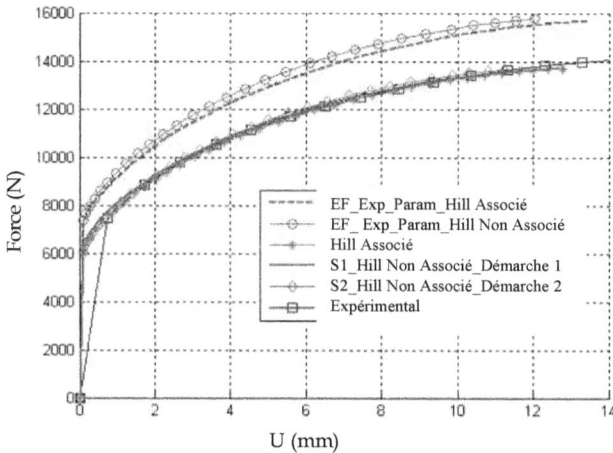

Figure 5.12. Comparaison entre les réponses de l'essai de traction plane

Pour une meilleure comparaison entre ces deux démarches, une simulation par éléments finis utilisant les paramètres identifiés d'un essai de gonflement hydraulique avec matrice elliptique (45°) est réalisée. La figure 5.13 montre une comparaison entre la réponse expérimentale et les réponses identifiées de l'essai de gonflement hydraulique elliptique. Nous pouvons voir que l'écart existe encore au niveau du pôle comme dans l'essai de gonflement hydraulique circulaire.

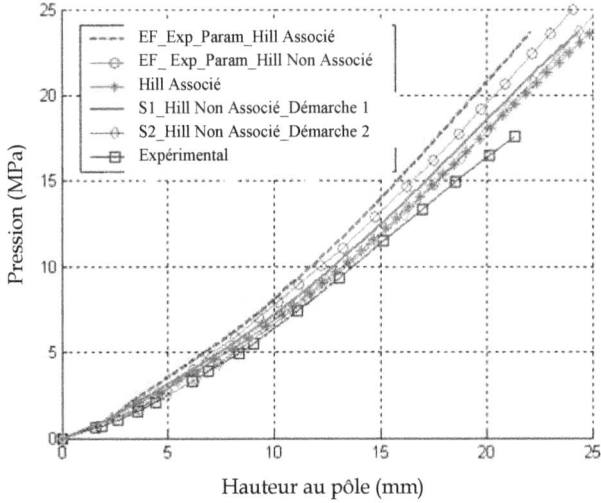

Figure 5.13. Comparaison entre les réponses de gonflement hydraulique elliptique

Finalement, l'ensemble des paramètres identifiés est employé pour vérifier le modèle d'écrouissage utilisé (loi de Voce). La figure 5.14 illustre la comparaison entre les réponses de l'essai de traction simple dans la direction 0° en utilisant les divers ensembles des paramètres identifiés. On peut conclure que la courbe d'écrouissage identifiée à partir de l'essai de traction plane et de l'essai de gonflement hydraulique est largement différente à celle identifiée à partir de l'essai de traction simple.

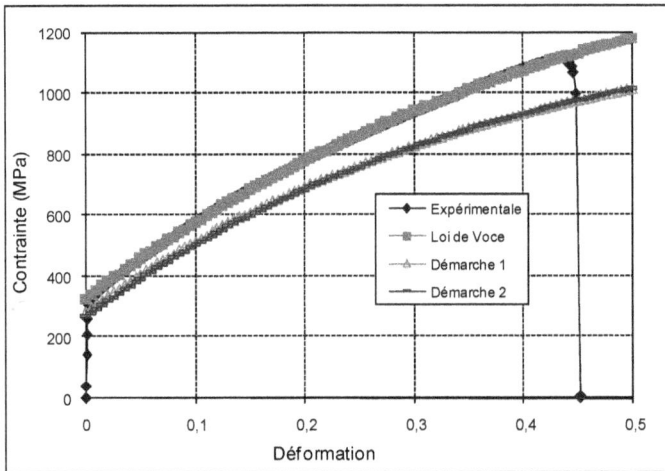

Figure 5.14. Comparaison entre les réponses de l'essai de traction simple

5.6   Identification des paramètres de modèle de Krafillis et Boyce

L'identification des paramètres de ce modèle nécessite la donnée :

- de la courbe d'écrouissage $\sigma_s(\alpha)$,

- des coefficients d'anisotropie du critère F, G, H et N,

- de coefficient de forme de la surface de plasticité m,

- de coefficient d'isotropie du matériau p.

Pour ce modèle, il y a huit paramètres matériels à identifier (les paramètres du critère ainsi que ceux de la loi d'écrouissage de Voce) à partir de deux essais (traction plane et gonflement hydraulique).

Deux bases de données sont produites avec trois niveaux pour chaque paramètre. Pour réduire la taille de ces bases, on a utilisé les plans d'expériences optimaux appelés : Plackett-Burman [Box et al. 1978]. Ces bases sont produites par 48 simulations numériques pour chaque essai.

Pour l'essai de traction plane, le modèle RNA est de type (8- 12 - 12). Les neurones de la couche d'entrée correspondent aux paramètres à identifier. Les douze valeurs dans la couche de sortie sont les déplacements du point de référence choisi à l'extrémité de la tôle correspondant aux valeurs indiquées de la force imposée.

Pour l'essai de gonflement hydraulique, le modèle RNA est de type (8- 16 - 12). Les neurones de la couche d'entrée correspondent aux paramètres à identifier. Les douze valeurs de sortie sont les déplacements du point central du flanc correspondant aux valeurs données de la pression imposée P.

En utilisant notre stratégie hybride d'optimisation, on a obtenu le front de Pareto de la figure 5.15 et on a comparé ce front avec ceux obtenus avec le critère de Hill avec   plasticité associée et non associée.

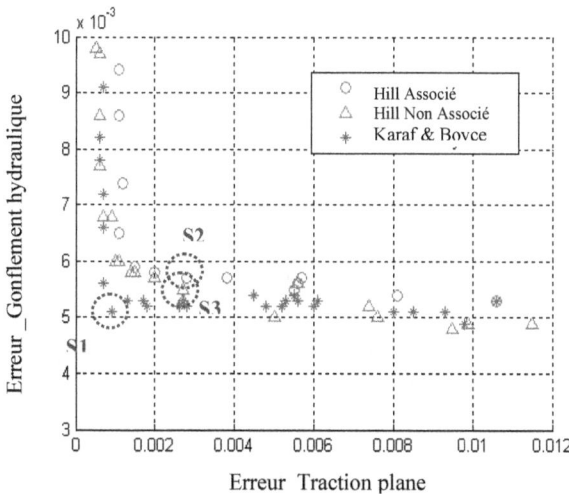

Figure 5. 15. Fronts de Pareto

Le tableau 5.7 montre la comparaison entre les paramètres du matériau expérimentaux et ceux identifiés pour les solutions choisies (S1 : Karafillis et Boyce, S2 : Hill avec plasticité associée et S3 : Hill avec plasticité non associée).

Paramètres	Expérimentaux	S1	S2	S3
σ_0 (MPa)	329	282	275	269
R_{sat} (MPa)	1336	1141	1098	1028
C_R	2.05	2.25	2.31	2.61
r_0	1.85	1.29	1.17	1.66
r_{45}	0.55	0.77	0.70	0.66
r_{90}	1.51	1.29	1.03	1.48
r_0'	1.24	-	-	1.47
r_{45}'	0.99	-	-	0.73
r_{90}'	1.20	-	-	1.32
c	1	0.93	-	-
m	2	2	-	-

Tableau 5.7. Valeurs expérimentales et identifiées des paramètres

Ensuite, les paramètres identifiés sont utilisés dans des simulations numériques par éléments finis de deux essais (figures 5.16 et 5.17).

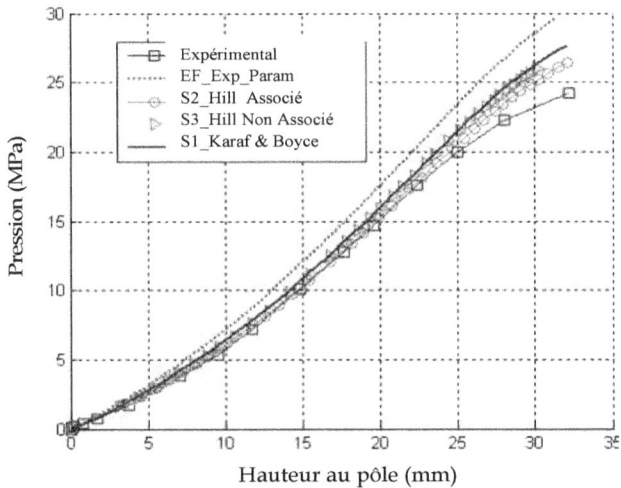

Figure 5.16. Comparaison entre les réponses de l'essai de gonflement hydraulique

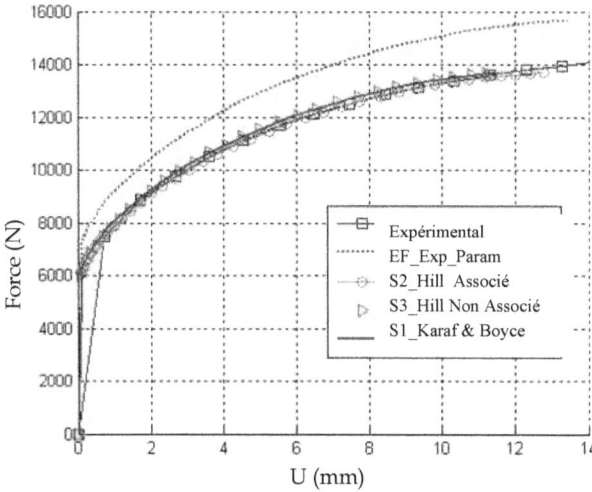

Figure 5.17. Comparaison entre les réponses de l'essai de traction plane

Une validation a été réalisée sur un essai de gonflement hydraulique avec matrice elliptique (45°). La figure 5.18 montre une comparaison entre la réponse expérimentale et les réponses identifiées de l'essai de gonflement hydraulique elliptique.

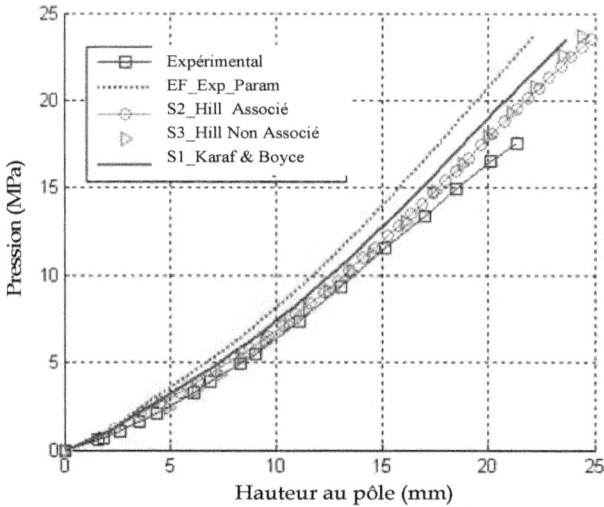

Figure 5.18. Comparaison entre les réponses de gonflement hydraulique elliptique

Les figures 5.16 et 5.18 montrent qu'il n'y a pas d'amélioration des résultats apportée par le critère de Karafillis et Boyce puisque un écart au pôle encore persiste pour cet essai.

Finalement, les paramètres identifiés sont employés pour vérifier le modèle d'écrouissage utilisé (loi de Voce). La figure 5.19 illustre la comparaison entre les réponses de l'essai de traction simple dans la direction 0° en utilisant les paramètres identifiés. On a trouvé la même conclusion que le paragraphe précédent.

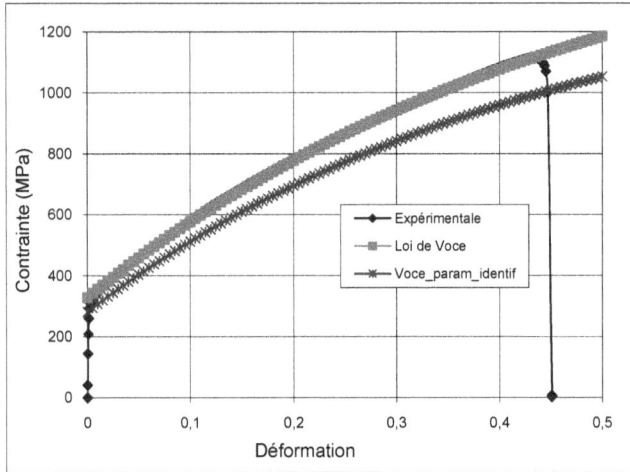

Figure 5.19. Comparaison entre les réponses de l'essai de traction simple

5.7   Identification des paramètres de modèle d'endommagement

Dans cette partie on va identifier les paramètres du modèle d'endommagement présenté ci-dessous [Saanouni et Chaboche 2003, Badreddine 2006] à partir de l'essai du gonflement hydraulique tout en considérant le meilleur modèle pour les paramètres d'écrouissage et d'anisotropie qui est le modèle de Hill'48 avec la plasticité non associée. Les paramètres de la démarche 1 ont été choisis (paragraphe 5.5)

Le modèle proposé suppose également l'existence d'un potentiel d'endommagement Φ_D :

$$\Phi_D = \frac{S}{s+1} \frac{1}{(1-D)^\beta} \left(\frac{Y-Y_0}{S} \right)^{s+1} \tag{5.13}$$

Où S, β, Y_0 et s sont des paramètres liés à l'endommagement. Y est la variable associée à l'endommagement D.

L'identification des paramètres de ce modèle nécessite la donnée des coefficients S, β, Y_0 et s. Quatre paramètres matériels sont alors à identifier à partir de l'essai du gonflement hydraulique. En se référant à la thèse de Houssem Badreddine [Badreddine 2006], le paramètre Y_0 vaut zéro. Donc il nous reste trois paramètres à identifier.

Le tableau 5.8 montre les paramètres d'écrouissage et d'anisotropie identifiés en utilisant le modèle de Hill'48 avec la plasticité non associée et ceux du modèle d'endommagement expérimentaux.

Paramètres	Valeurs
σ_0 (MPa)	286
R_{sat} (MPa)	1000
C_R	2.62
r_0	1.50
r_{45}	1.73
r_{90}	1.22
r_0'	1.24
r_{45}'	0.99
r_{90}'	1.20
S	500
β	4
Y_0	0
s	1

Tableau 5.8. Ensemble des paramètres du matériau

Une base de données est produite avec trois niveaux pour chaque paramètre (Tableau 5.9). Pour réduire la taille de ces bases, on a utilisé un plan d'expériences fractionnaires. Cette base est produite par 16 simulations numériques de l'essai du gonflement hydraulique.

Pour cet essai, le modèle RNA est de type (3 - 12 - 7). Les neurones de la couche d'entrée correspondent aux paramètres à identifier. Les sept valeurs de sortie sont les déplacements du point central du flanc correspondant aux valeurs données de la pression imposée P.

Paramètres	Niveau 1	Niveau 2	Niveau 3
S (MPa)	300	500	700
β	2.4	4	5.6
s	0.6	1	1.4

Tableau 5.9. Niveaux des paramètres

En utilisant la stratégie couplée d'identification (méthode inverse classique-RNA) déjà proposé dans le chapitre 4, on a obtenu les paramètres optimaux de S, β et s. le tableau 5.10 une comparaison entre les paramètres expérimentaux et identifiés d'endommagement.

Paramètres	expérimentaux	Identifiés
S (MPa)	500	577.60
β	4	4.60
s	1	0.50

Tableau 5.10. Valeurs expérimentales et identifiées des paramètres

Ensuite, ces paramètres identifiés sont utilisés dans un calcul direct par éléments finis de l'essai du gonflement hydraulique. Les résultats de cette simulation sont donnés par la figure 5.22.

Une validation a été réalisée sur un essai de gonflement hydraulique avec matrice elliptique (45°). La figure 5.23 montre une comparaison entre la réponse expérimentale et celle EF avec les paramètres identifiés de l'essai de gonflement hydraulique elliptique.

Sur les figures 5.20 et 5.21 sont rassemblées quelques isovaleurs en terme de contrainte équivalente et d'endommagement pour les deux essais (à matrice circulaire et à matrice elliptique) résultats des simulations EF avec les paramètres identifiés. La contrainte équivalente est homogène et axisymétrique. Elle atteint un maximum au pôle. Le champ d'endommagement est axisymétrique aussi et il est localisé au niveau du pôle avec un fort gradient.

D'après les figures 5.22 et 5.23, nous remarquons que les résultats donnés avec les paramètres identifiés décrivent parfaitement bien la courbe expérimentale. Il y a une concordance qui est presque parfaite entre l'expérience et le modèle pour l'essai avec matrice circulaire. Mais un écart persiste encore pour l'essai avec la matrice elliptique.

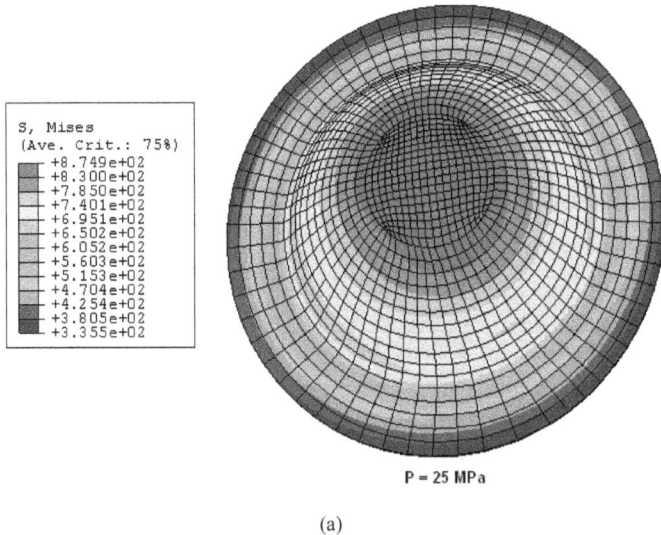

```
S, Mises
(Ave. Crit.: 75%)
  +8.749e+02
  +8.300e+02
  +7.850e+02
  +7.401e+02
  +6.951e+02
  +6.502e+02
  +6.052e+02
  +5.603e+02
  +5.153e+02
  +4.704e+02
  +4.254e+02
  +3.805e+02
  +3.355e+02
```

P = 25 MPa

(a)

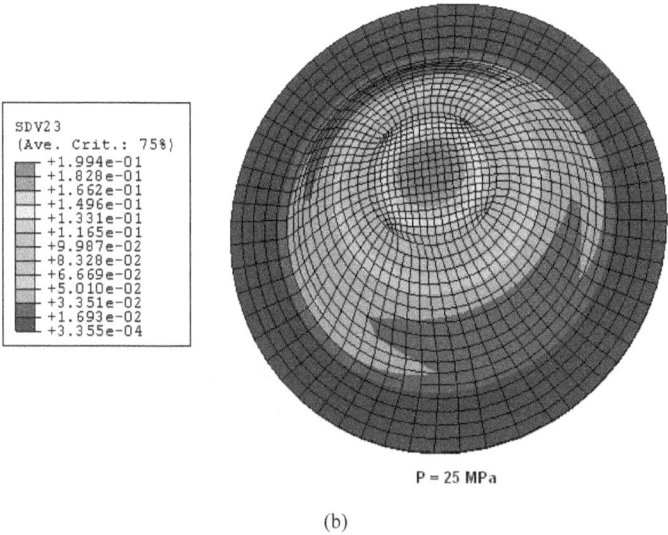

P = 25 MPa

(b)

Figure 5.20. Isovaleurs en terme de contrainte équivalente (a) et d'endommagement (b) obtenus pour l'essai de gonflement hydraulique à matrice circulaire

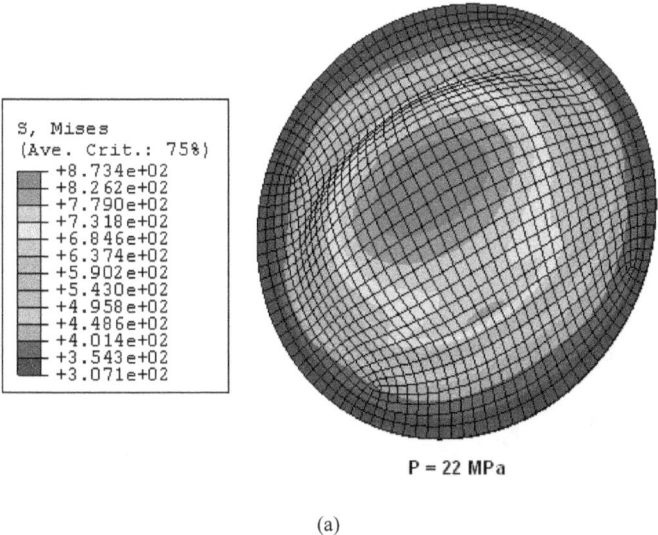

P = 22 MPa

(a)

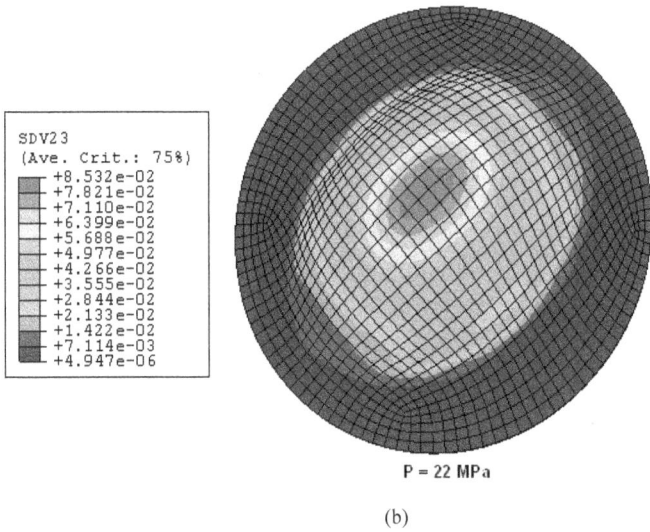

```
SDV23
(Ave. Crit.: 75%)
  +8.532e-02
  +7.821e-02
  +7.110e-02
  +6.399e-02
  +5.688e-02
  +4.977e-02
  +4.266e-02
  +3.555e-02
  +2.844e-02
  +2.133e-02
  +1.422e-02
  +7.114e-03
  +4.947e-06
```

P = 22 MPa

(b)

Figure 5.21. Isovaleurs en terme de contrainte équivalente (a) et d'endommagement (b) obtenus pour l'essai de gonflement hydraulique à matrice elliptique

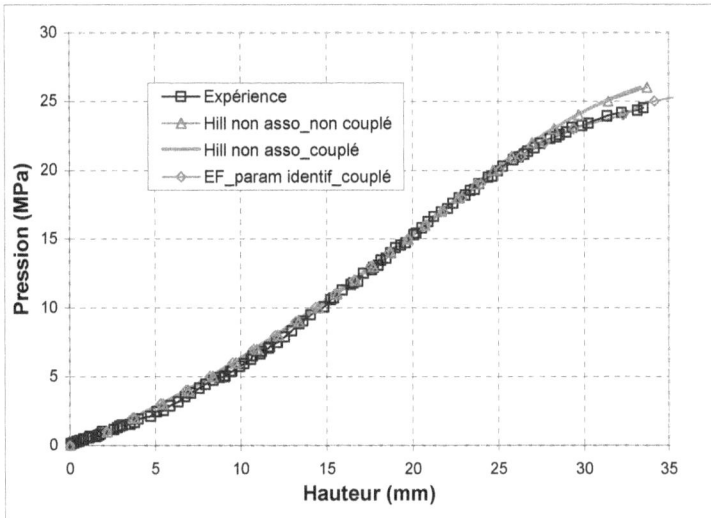

Figure 5.22. Comparaison entre les réponses de l'essai de gonflement hydraulique circulaire

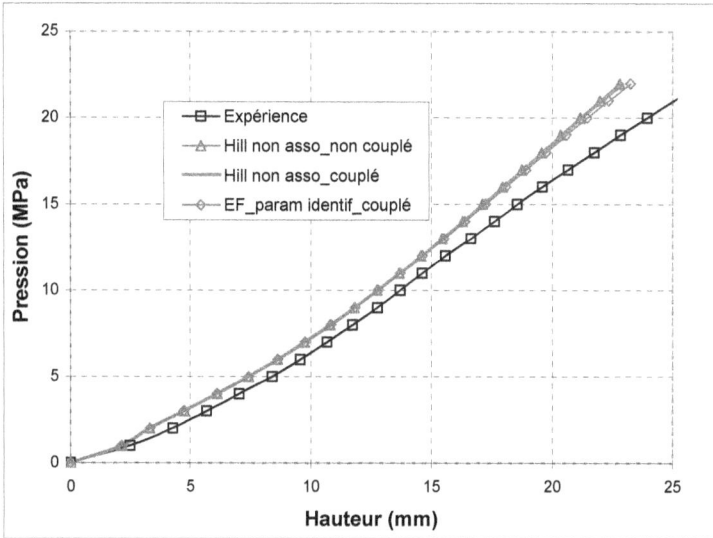

Figure 5.23. Comparaison entre les réponses de l'essai de gonflement hydraulique elliptique

5.8   Conclusions

Afin d'obtenir une simulation suffisamment précise des procédés de mise en forme, quelques améliorations sont nécessaires dans l'identification du modèle de comportement du matériau considéré en utilisant plusieurs essais expérimentaux. La stratégie proposée rend la phase d'identification plus viable et résout le problème de temps de calcul. En fait, plus de 90 % du ce temps sont gagnés.

Cette approche a été employée, en premier lieu, pour identifier le critère Hill'48 avec plasticité associée et non associée et la loi d'écrouissage de l'acier Inox AISI 304. En deuxième lieu, les paramètres du critère de Karafillis et Boyce et ceux de la loi de Voce sont identifiés. Cependant, les améliorations des résultats ne sont pas très importantes parce que les données expérimentales utilisées ne sont pas très sensibles aux paramètres identifiés.

Pour valider notre approche, nous avons utilisé un essai de gonflement hydraulique à matrice elliptique et nous avons constaté encore un écart dans la dernière partie de la courbe de Pression-Hauteur au pôle, qui peut être expliqué par l'apparition du phénomène d'endommagement dans la tôle. Par conséquent, l'utilisation du modèle de comportement tenant compte de ce phénomène devrait être considérée. L'identification des paramètres du modèle d'endommagement par la suite, a permis d'avoir une concordance parfaite entre l'expérience et le modèle identifié pour l'essai du gonflement hydraulique avec matrice circulaire. Mais un écart persiste encore pour l'essai avec matrice elliptique.

Conclusions et perspectives

L'identification des paramètres constitutifs intervenant dans les lois de comportement des matériaux est une étape importante. En effet, un choix du modèle adéquat ainsi qu'une identification précise de ses paramètres permettent de simuler correctement les procédés de mise en forme. Ces paramètres sont déterminés à partir d'essais mécaniques qui sont de plus en plus complexes et non homogènes.

L'objectif de ce travail portait sur le développement d'une méthode hybride d'identification basée sur les Réseaux de Neurones Artificiels (RNA) couplée avec les méthodes inverses classiques. Cette méthode est utilisée pour identifier les paramètres de modèles de comportement élastoplastiques en grandes déformations en vue de leur utilisation en simulation numérique des procèdes de mise en forme par déformation plastique des tôles minces. Pour cela, on propose d'identifier les paramètres de la courbe d'écrouissage et les paramètres du critère de plasticité à partir des essais de traction simple, de cisaillement simple, de traction plane et de gonflement hydraulique.

Ce travail a débuté d'abord, par une étude bibliographique portant sur les modèles de comportement élastoplastiques et les méthodes classiques d'optimisation. Nous avons distingué entre les méthodes basées sur le calcul de gradient et celles qui sont de type stochastique. Un aperçu historique sur les principaux travaux utilisant les RNA dans des applications mécaniques a été aussi présenté dans cette étude.

On a, en premier lieu, développé une approche basée sur les réseaux de neurones artificiels (RNA) et une analyse de sensibilité. Cette stratégie est utilisée pour identifier les coefficients d'anisotropie du modèle quadratique de Hill'48 d'une tôle en acier extra doux XES à partir des trois essais : traction plane, cisaillement simple et gonflement hydraulique. Le problème de temps de calcul a été contourné puisqu'on a obtenu des résultats meilleurs que ceux obtenus par les méthodes inverses classiques avec un temps réduit. L'analyse des résultats d'identification effectuée montre qu'il y a diminution de l'écart entre les réponses expérimentales et numériques des essais de traction plane et de gonflement hydraulique. Pour l'essai de cisaillement simple, l'écart persiste encore pour les deux méthodes (RNA et Méthode inverse classique). De ce fait, il est difficile de minimiser cet écart avec la stratégie proposée pour les trois essais. Des méthodes couplées (RNA-méthodes inverses classiques) et hybrides (RNA-optimisation multi-objectif) sont alors utilisées pour résoudre ce problème.

Ensuite, on a développé une procédure d'identification inverse couplée à un réseau de neurones Artificiels (RNA). Cette stratégie est utilisée pour identifier la courbe d'écrouissage et les coefficients d'anisotropie du critère de Hill'48 de l'acier Inox AISI 304. Deux essais sont considérés : l'essai de traction plane et l'essai de gonflement hydraulique. Deux démarches sont proposées. La première consiste à identifier trois paramètres à partir de chaque essai et la deuxième consiste à identifier tous les paramètres simultanément à partir de deux essais en minimisant la somme des erreurs. Nous avons remarqué que l'écart entre les courbes numériques et expérimentales dans les deux essais a été réduit. Les résultats obtenus par la deuxième démarche sont plus proches des résultats expérimentaux que ceux obtenus par la première démarche. Une autre application a été réalisée pour identifier les coefficients d'anisotropie du critère de Hill'48 à partir de l'essai d'emboutissage profond. Deux matériaux ont été considérés (l'acier faiblement allié et à haute limite d'élasticité HSAL 340 et l'acier doux DC 06). Les résultats trouvés montrent une nette diminution de l'écart entre les courbes expérimentales et numériques. Un écart persiste entre les réponses du deuxième matériau (DC 06) qui peut être expliqué par l'insuffisance du critère de Hill'48 et du modèle d'écrouissage pour décrire le comportement du matériau. L'identification des paramètres d'écrouissage sera alors utile pour minimiser cet écart.

Finalement, une stratégie d'identification basée sur une procédure d'optimisation multi-objectif couplée avec un modèle RNA a été développée pour identifier la courbe d'écrouissage et les coefficients d'anisotropie du même matériau (acier Inox AISI 304) à partir de deux essais (traction plane et gonflement hydraulique). Cette stratégie a été utilisée, en premier lieu, pour identifier le modèle de Hill'48. A ce niveau, on peut considérer que les méta-modèles construits par RNA ont permis de contourner le problème de temps de calcul et des identifications ont pu alors être menées. Il ressort des identifications effectuées que le modèle de Hill'48 est insuffisant pour décrire le comportement du matériau testé. Pour cela, la même procédure d'identification a été utilisée pour identifier le critère non quadratique de Krafillis et Boyce d'une part et une loi d'évolution non associée (basée sur le critère de Hill'48) d'autre part. Nous avons remarqué des améliorations des résultats. Ces améliorations ne sont pas très importantes car un écart persiste pour l'essai du gonflement hydraulique, qui peut être expliqué par l'apparition du phénomène d'endommagement dans la tôle. Par suite l'identification des paramètres du modèle d'endommagement nous a donné des résultats qui décrivent bien les courbes expérimentales. Il y a une bonne concordance entre l'expérience et le modèle pour l'essai du gonflement hydraulique avec matrice circulaire. Mais un écart persiste encore pour l'essai avec matrice elliptique.

Les perspectives qui s'ouvrent à ce travail sont nombreuses :

- Le couplage comportement endommagement, offre un outil potentiel pour aider à identifier les paramètres de modèles de comportement pour les procédés de mise en forme.

- Il pourrait être envisagé d'utiliser des modèles qui tiennent compte de l'évolution de la texture du matériau soit d'une manière phénoménologique ou par des approches de transition d'échelles pour minimiser l'écart entre les résultats dans l'essai de gonflement hydraulique elliptique.

- Il est plus judicieux de tester les méthodes d'identification proposées sur d'autres types de matériaux.

- On pourrait proposer d'utiliser d'autres essais mécaniques (indentation, rayage, emboutissage, poinçonnage…) dans la phase d'identification des paramètres de comportement.

- On pourrait utiliser d'autres méthodes d'optimisation (colonie des fourmis, Non-dominated Sorting Genetic Algorithm version : NSGA II, …).

Références bibliographiques

[Aarts et korst 1989] Aarts E. H. L., Korst J. Simmulated Annealing and Boltzman Mechanics, Wiley& Sons, 1989.

[Abedrabbo et al. 2006] Abedrabbo N., Pourboghrat F., Carsley J., 2006. Forming of aluminium alloys at elevated temperatures – Part 1: Material characterization. Int. J. Plasticity 22 (2), 314–341.

[Aguir et al. 2007] Aguir H., Chamekh A., BelHadjSalah H., Hambli R., Identification of constitutive parameters using inverse strategy coupled to ANN Model. The 9th International Conference on Numerical Methods in Industrial Forming Processes NUMIFORM'2007, Porto, Portugal, 2007.

[Al-Haik et al. 2006] Al-Haik M.S., Hussaini M.Y., Garmestani H., 2006. Prediction of nonlinear viscoelastic behaviour of polymeric composites using an artificial neural network. Int. J. Plasticity 22 (7), 1367–1392.

[Alves et al. 2003] Alves J.L., Oliveira M.C., Menezes L.F., Influence of the yield criteria in the numerical simulation of the deep drawing of a cylindrical cup. E. Oñate and DRJ. Owen eds. Proceding of the VII International Conference on Computational Plasticity, COMPLAS, 2003.

[Ayad et al. 2005] Ayad G., Barriere T., Gelin J. C. Optimization of powder segregation occurring in metal injection molding of stainless steels. Lavoisier. Volume 8 – n° 1, 2005.

[Badreddine 2006] Badreddine H., Elastoplasticité anisotrope endommageable en transformations finie: Aspects théoriques, numériques et applications, Thèse de doctorat, Université de Technologie de Troyes, 2006.

[Banabic 2000] Banabic D., 2000, Anisotropy of sheet metal, in: formability of metallic materials, (Editor: D. Banabic). Springer-Verlag Berlin Heidelberg New York, 119-172.

[Banabic et al. 2008] Banabic D., Sorin Comsa D., Sester M., Selig M., Kubli W., Mattiasson K., Sigvant M., Influence of constitutive equations of the accuracy of predction in sheet metal forming simulation, MINISHEET'2008, September 1- 5, 2008, Interlaken, Switzerland.

[Bahloul 2005] Bahloul R., Optimisation du procédé de pliage sur presses de pièces en tôles à haute limite d'élasticité, Thèse de doctorat, Ecole Natioanle d'Arts et de Métiers d'Angers, France, 2005.

[Bahloul et al. 2005] Bahloul R., Mkaddem A., Dal Santo Ph., Potiron A. Sheet metal bending optimisation using response surface method, numerical simulation and design of experiments, Congress of materials and manufacturing engineering and technology COMMENT 2005, May 16-19, Gliwice-Wista – Poland, pp 134.

[Barlat et Lian 1989] Barlat F., Lian J. Plastic behavior and stretchability of sheet metals Part I : yield function for orthotropic sheets under plane stress conditions. Int. J. Plasticity, Vol. 5, Issue. 51.

[Barlat et al. 1991] Barlat F., Lege D.J. et Brem J.C., 1991. A six-component yield function for anisotropic materials, International Journal of Plasticity, 7, pp.693–712.

[Belytschko et al. 1996] Belytschko T., Krongauz K., Organ D., Fleming M., Krysl P., 1996. Meshless methods: an overview and recent developments, Comput. Methods Appl. Mech Engrg, vol. 139, p. 3-47.

[Ben Ayed et al. 2005] Ben Ayed L., Delameziere A., Batoz J.L., Knopf-Lenoir C. Optimisation des efforts serre-flan en emboutissage pour contrôler la striction et le plissement, Premier Congrès International Conception et Modélisation des systèmes Mécaniques, CMSM'2005, 23-25 Mars 2005, Hammamet, Tunisie.

[Ben Tahar 2005] Ben Tahar M., Contribution à l'étude et la simulation du procédé d'hydroformage. Thèse de doctorat, École des Mines de Paris, 2005.

[Benchouikh 1992] Benchouikh A., Formulation et identification de loi de comportement anisotropes pour tôles minces en emboutissage, Thèse de doctorat, École Centrale de Lyon, 1992.

[Berstad et al. 2005] Berstad, T., Lademo, O.-G., Hopperstad, O.S.: Weak and StronDyna (WTM-2D/3D and STM-2D). Sintef Report, 2005.

[Bonte 2005] Bonte M. H. A., A comparison between optimisation algorithms for metal forming processes – With application to forging. Rapport de stage au CEMEF 2005.

[Bonte et al 2005a] Bonté M. H. A., van den Boogaard A. H., Huétink J., Metamodelling techniques for the optimisation of metal forming processes. In Proceedings of ESAFORM, Cluj-Napoca, Romania, 2005, pp. 155-158.

[Bonte et al 2005b] Bonte M. H. A., van den Boogaard A. H., Huétink J. Solving optimisation problems in metal forming using finite element simulation and metamodelling techniques. In Proceedings of APOMAT (Morschach, Switzerland, 2005), pp. 242-251.

[Box et al. 1978] Box G E P., Hunter W G., Hunter S J., 1978. Statistics for Experimenters, John Wiley & Sons, Inc., New York.

[Cailletaud et Pilvin 1994] Cailletaud G., Pilvin P., 1994. Identification and inverse problems related to material behaviour. In: Proceedings of the International Seminar on Inverse Problems, Clamart, pp. 79–86.

[Cazacu et Barlat 2001] Cazacu O. et Barlat F., 2001. Generalization of Druker's yeild criterion to orthotropy, Math. Mech. Solids 6, p. 613-630.

[Chamekh 2007] Chamekh A., Optimisation de procédés de mise en forme par les réseaux de neurones artificiels, Thèse de doctorat en co-tutelle, ENIM/ISTIA, Tunisie, 2007.

[Chamekh et al. 2006] Chamekh A., BelHadjSalah H., Hambli R., Gahbiche A., 2006. Inverse Identification using the bulge test and Artificial Neural Networks. Journal of Materials Processing. 177, 307-310.

[Chaparro et al. 2008] Chaparro B.M., Thuillier S., Menezes L.F., Manach P.Y., Fernandes J.V., 2008. Material parameters identification: Gradient-based, genetic and hybrid optimization algorithms. Computational Materials Science. In press.

[Chu et Needleman 1980] Chu C., Needleman A., 1980. Void nucleation effects in bi-axially stretched sheets J. Eng. Mater.Technol. 102, 249-256.

[Cooreman et al. 2007] Cooreman, S., Lecompte, D., Sol, H., Vantomme, J., Debruyne, D., 2007. Elasto-plastic material parameter identification by inverse methods: Calculation of the sensitivity matrix. International Journal of Solids and Structures. 44, 4329-4341.

[Coupez et Nouatin 1999] Coupez T., Nouatin A. I., Optimisation of Forming by using the Simplex Method and Preliminary Results on an Explicit 3D Viscoelastic Solution. Dans : J. A. Covas (éditeur), 2nd ESAFORM Conference, pp. 477-480, Guimarães, 1999.

[Czarnota 2006] Czarnota C. Endommagement ductiles des matériaux métalliques sous chergement dynamique-Application à l'écaillage, Thèse de doctorat, Université Paul Verlaine de Metz. 2006.

[Croix 2002] Croix P. Endommagement et rupture des métaux anisotropes pour la dynamique et le crash devéhicules Thèse de l'Université de Valenciennes. 2002.

[Bassir et al. 2008] Bassir D. H., Guessesma S., Boubaker L., 2008. Hybrid computational strategy based on ANN and GAPS: Application for identification of a non-linear model of composite material. Composite Structures. *In press*.

[Debasis et Jayant 2005] Debasis S., Jayant M., 2005. Pareto-optimal solutions for multi-objective optimization of fed-batch bioreactors using nondominated sorting genetic algorithm. Chemical Engineering Science. 60:481-492.

[Dell et al. 2008] Dell H., Gese H., Oberhofer G., Advanced yeild loci and anisotropic hardening in the material model MF GENYLD + CRACHFEM, MINISHEET'2008, September 1 - 5, 2008 – Interlaken, Switzerland.

[Dogui 1989] Dogui A., Plasticité anisotrope en grandes déformations. Thèse de doctorat d'état es-Sciences : U.C.B-Lyon1, France, 1989.

[Duarte et al. 2002] Duarte J.F., Simões F., Teixeira P., Santos A., Experimental Benchmark#7: Cylindrical cup-earing, Digital Die Design System (3DS), IMS 1999 000051, Communication presented in Inter-Regional Meeting, Paris, 2002.

[Fayolle 2008] Fayolle S., Etude de la modélisation de la pose et de la tenue mécaniques des assemblages par déformation plastique : Application au rivetage auto-poinçonneur. Thèse de doctorat, Ecole Nationale Supérieure des Mines de Paris, France, 2008.

[Forestier et al. 2002] Forestier, R., Massoni, E., Chastel, Y., 2002. Estimation of constitutive parameters using an inverse method coupled to a 3D finite element software. Journal of Materials Processing Technology. 125-126, 594-601.

[Furukawa et al. 2002] Furukawa T., Sugata T., Yoshimura S., Hoffman M., 2002. An automated system for simulation and parameter identification of inelastic constitutive models. Comput. Methods Appl. Mech. Engng. 191 (21–22), 2235–2260.

[Gahbiche 2005] Gahbiche A., Caractérisation expérimentale des tôles d'emboutissage: application à l'identification des lois de comportement, Thèse de doctorat, ENIM, Tunisie, 2005.

[Gavrus 1996] Gavrus A. Identification automatique des paramètres rhéologiques par analyse inverse. Thèse de doctorat, ENSMP, 1996.

[Gembicki 1974] Gembicki F.W., 1974. Vector Optimization for Control with Performance and Parameter Sensitivity Indices. Ph.D Thesis, Case Western Reserve Univ Cleveland, Ohio.

[Genevois 1992] Genevois, Etude expérimentale et modélisation du comportement plastique anisotrope de tôles d'acier en grandes transformations. Thèse de Doctorat, Institut National Polytechnique de Grenoble (France), 1992.

[Germain 1986] Germain P., Mécanique, vol. 1, 2, 3, Edition Ellipses, Ecole Polytechnique Palaiseau (France), 1986.

[Ghouati et Gelin 2001] Ghouati O., Gelin J.C., 2001. A finite element-based identification method for complex metallic material behaviour. Computational Materials Science. 21, 57-68.

[Goldberg 1989] Goldberg D. E. Genetic Algorithms in Search, Optimization, and Machine Learning. Addison-Wesley Publishing company 1989.

[Goupy 2001] Goupy J., Introduction aux plans d'expériences, Dunod, Paris, 2001.

[Gurson 1977] Gurson A., 1977. Continuum theory of ductile rupture by void nucleation and growth : Part I- Yieldcriteria and flow rules of porous ductile media J. Engrg. Mat. Techn. 99, 2-15.

[Haddadi et al. 2006] Haddadi H., Bouvier S., Banu M., Maier C., Teodosiu C., 2006. Towards an accurate description of the anisotropic behaviour of sheet metals under large plastic deformations: Modelling, numerical analysis and identification. Int. J. Plasticity 22 (12), 2226–2271.

[Hambli et al. 2006] Hambli R., Chamekh A., BelHadjSalah H., 2006. Real-time deformation of structure using finite element and neural networks in virtual reality application. Finite elements in analysis and design. 42, 985-991.

[He et McPhee 2002] He Y., McPhee J., Optimization of the lateral stability of Rail Vehicles. Vehicle System Dynamics. Vol. 38, N°5, (2002) pp. 361-390.

[Henry et Torgeir 2008] Henry A. B., Torgeir W., Mechanical calibration of geometric dimension of an extruded crush box tube, MINISHEET'2008, September 1 - 5, 2008 – Interlaken, Switzerland.

[Hosford 1972] Hosford W.F., 1972. A generalized isotropic yield criterion, Journal of Applied Mechanics, pp.607–609.

[Huang et Huang 2007] Huang G-Q., Huang H-X., 2007. Optimizing parison thickness for extrusion blow molding by hybrid method. Journal of Materials Processing Technology. 182, 512–518.

[Huang et al. 2005] Huang T., Chetwynd D.G., Whitehouse D.J., Wang J., 2005. A general and novel approach for parameter identification of 6-DOF parallel kinematic machines. Mech. Mach. Theory 40 (2), 219–239.

[Huber et al. 2002] Huber N., Nix D. W., Gao H., 2002. Identification of elastic plastic material parameters from pyramidal indentation of thin films, Proc. R. Soc. Lond. A, vol. 458, p. 1593-1620.

[Jensen et al. 1998] Jensen M. R., Damborg F. F., Nielsen K. B., Danckert J. Optimization of the Draw-Die Design in Conventionnal Deep-Drawing in Order to Minimise Tool Wear. J. Mater. Process. Technol., 83, pp. 106-114, 1998.

[Jie et al. 2008] Jie Q., Quanlin J., Bingye X., 2008. Parameter identification of superplastic constitutive model by GA-based global optimization method. Journal of materials processing technology, issue 97, 212–220.

[Jiménez et al. 2006] Jiménez F., Cadenas J.M., Sànchez G., Go´mez-Skarmeta A.F., Verdegay J.L., 2006. Multi-objective evolutionary computation and fuzzy optimization. Int. J. Approx. Reasoning 43 (1), 59–75.

[Kajberg et al. 2004] Kajberg J., Sundin K.G., Melin L.G., Stàhle P., 2004. High strain-rate tensile testing and viscoplastic parameter identification using microscopic high-speed photography. Int. J. Plasticity 20 (4–5), 561–575.

[Karafillis et Boyce 1993] Karafillis A.P. et Boyce M.C., 1993. A general anisotropic yield criterion using bounds and a transformation weighting tensor, Journal of the Mechanics and Physics of Solids, 41, pp.1859–1886.

[Khalfallah et al. 2002] Khalfallah A., BelHadjSalah H., Dogui A., 2002. Anisotropic parameter identification using inhomogeneous tensile test. Eur. J. Mech. A: Solids. 21, 927–942.

[Khalfallah 2004] Khalfallah A., Identification des lois de comportement élastoplastiques par essais inhomogènes et simulations numériques, Thèse de doctorat, Faculté des sciences de Tunis, Tunisie, 2004.

[Khalfallah et al. 2005] Khalfallah A., BelHadjSalah H., Dogui A., 2005. Identification and sensitivity analysis. International Journal of Forming Processes. Vol.8, 252-270.

[Khalfallah et al. 2006] Khalfallah A., BelHadjSalah H., Alves, J.L., 2006. Strategies for parameter identification. In Proceeding of ESAFORM2006.

[Khan et al. 2006] Khan A.S., Lopez-Pamies O., Kazmi R., 2006. Thermo-mechanical large deformation response and constitutive modeling of viscoelastic polymers over a wide range of strain rates and temperatures. Int. J. Plasticity 22 (4), 581–601.

[Koza 1994] Koza J. R. Genetic Programming II : Automatic Discovery of Reusable Programs. MIT Press, Massachussetts, 1994.

[Kucharski et Mróz 2007] Kucharski S., Mróz Z., 2007. Identification of yield stress and plastic hardening parameters from a spherical indentation test. International Journal of Mechanical Sciences. 49:1238-1250.

[Kusiak et Thompson 1989] Kusiak J., Thompson E. G. Optimization techniques for Extrusion Die Shape Design. Dans: E. G. Thompson et al. (éditeurs), Numiform'89, pp. 569-574. Balkema: Rotterdam, 1989.

[Lagaros et al. 2005] Lagaros, N.D., Plevris, V., Papadrakakis, M., 2005. Multi-objective design optimization using cascade evolutionary computations. Comput. Methods Appl. Mech. Engng. 194 (30-33), 3496–3515.

[Lamberti et Pappalettere 2000] Lamberti L., Pappalettere C., 2000. Comparison of the numerical efficiency of different sequential linear programming based algorithms for structural optimisation problems. Comput. Struct. 76 (6), 713–728.

[Lee et al. 2005] Lee M., Kim D., Kim C., Wenner M.L., Wagoner R.H., Chung K., 2005. Spring-back evaluation of automotive sheets based on isotropic–kinematic hardening laws and non-quadratic anisotropic yield functions Part II: Characterization of material properties. Int. J. Plasticity 21 (5), 883–914.

[Lefik et Schrefler 2002] Lefik M., Schrefler B.A., 2002. Artificial neural network for parameter identifications for an elasto-plastic model of superconducting cable under cyclic loading. Comput. Struct. 80 (22), 1699–1713.

[Lemaître et Chaboche 1985] Lemaître J. et Chaboche J.L., Mécanique des matériaux solides, Editions Dunod, Paris (France), 1985.

[Love et Batra 2005] Love B.M., Batra R.C., 2005. Determination of effective thermomechanical parameters of a mixture of two elastothermoviscoplastic constituents. Int. J. Plasticity 22 (6), 1026–1061.

[Martin et Meinhard 2006] Martin A., Meinhard K., 2006. Identification of ductile damage and fracture parameters from the small punch test using neural networks. Engineering Fracture Mechanics 73, 710–725.

[Muliana et al. 2002] Muliana A., Steward R., Haj-Ali Rami M., Saxena A., 2002. Artificial Neural Network an Finite Element Modeling of Nanoindentation Tests. Metallurgical and Materials Transactions, Vol.33A.

[Myers et Montgomery 2002] Myers R. and Montgomery D., Response Surface Methodology: Process and Product Optimization Using Designed Experiments, 2nd ed. John Wiley and Sons, Inc., New York, USA, 2002. ISBN 0-471-41255-4.

[Naceur et al. 2004] Naceur H., Ben Elechi S., Knopf-Lenoir C., Batoz J.L. Response surface methodology for the design of sheet metal forming parameters to control springback effects using the inverse approach, in Gosh, S. et al., Eds., "Materials Processing and Design: Modeling, Simulation and Applications", NUMIFORM'04, OSU, Columbus, Ohio, USA, June 2004, pp. 1991-1996.

[Nakamashi et Honda 1998] Nakamashi E., Honda T. Optimum Design of Sheet Forming Process by Using Finite Element and Discretized Optimization Method. Int. J. of Forming Proc., 1(2), pp. 163-185, 1998.

[Noiret et al. 1996] Noiret C., Lauro F., D. Lochegnies, Oudin J. Optimisation by Inverse Method: Application to the Forming of Hollow Glass Items. Dans: J. L. Chenot et al. (éditeur), 1st ESAFORM Conference, pp. 437-440, Sophia-Antipolis, 1998.

[Ohata et al. 1998] Ohata T., Nakamura Y., Katayama T., Nakamachi E., Omori N. Improvement of Optimum Process Design System by Numerical Simulation. J. Mater. Process. Technol., 80-81, pp. 635-641, 1998.

[Omerspahic et al. 2006] Omerspahic E., Mattiasson K., Bertil E., 2006. Identification of material hardening parameters by three-point bending of metal sheets. International Journal of Mechanical Sciences. 48:1525-1532.

[Pernot et Lamarque 1999] Pernot, S., Lamarque, C.-H., 1999. Application of neural networks to the modelling of some constitutive laws. Neural Networks. 12, 371-392.

[Pilvin 1990] Pilvin P., Approches multiéchelles pour la prévision du comportement anélastique des métaux, Thèse de doctorat, Université Paris 6, Paris (France), 1990.

[Ponthot et Kleidermann 2006] Ponthot J.P., Kleidermann J.P., 2006. A cascade optimization methodology for automatic parameter identification and shape/process optimization in metal forming simulation. Comput. Methods Appl. Mech. Engng. 195 (41-43), 5472–5508.

[Qu et al. 2005] Qu J., Jin Q.L., Xu B.Y., 2005. Parameter identification for improved viscoplastic model considering dynamic recrystallization. Int. J. Plasticity 21 (7), 1267–1302.

[Rouquette et al. 2007] Rouquette S., Guo J., Le Masson P., 2007. Estimation of the parameters of a Gaussian heat source by the Levenberg–Marquardt method: application to the electron beam welding. Int. J. Thermal Sci. 46 (2), 128–138.

[Saanouni et Chaboche 2003] Saanouni K. et Chaboche J.-L., Computational damage mechanics : Application to metalforming. Chapter 7 of Vol. 3, "Numerical and Computational methods", Ed. I. Miline, R.O. Ritchie and B. Karihaloo, ISBN 0-08-043749-4, Elsevier Oxford, p. 321 376, 2003.

[Saleeb et al. 2001] Saleeb A.F., Arnold S.M., Castelli M.G., Wilt T.E., Graf W., 2001. A general hereditary multimechanismbased deformation model with application to the viscoelastoplastic response of titanium alloys. Int. J. Plasticity 17 (10), 1305–1350.

[Shanno 1970] Shanno D.F., 1970. Conditioning of Quasi-Newton Methods for Function Minimization, Mathematics of Computing. 24 647-656.

[Sidoroff 1982] Sidoroff F., Cours sur les grandes déformations. Rapport Greco n°51/1982, 1982.

[Swadesh et Kumar 2005] Swadesh S. K., Kumar D. R., 2005. Application of neural network to predict thickness strains and finite element simulation of hydro-mechanical deep drawing. Int J Adv Manuf Technol. 25, 101-107.

[Toshio et Yu 2007] Toshio N., Yu G., 2007. Identification of elastic–plastic anisotropic parameters using instrumented indentation and inverse analysis. Mechanics of Materials 39, 340–356.

[Tvergaard 1990] Tvergaard V., 1990. Material Failure by void growth to coalescence. Adv. in Appl. Mech. 27, 83-151.

[Zabaras et Kang 1995] Zabaras N., Kang S., 1995. Control of the freezing Interface Motion in Two-Dimensional Solidification Processses using the Adjoint Method. Int. J.Num. Meth. Engng., 38, pp. 63-80.

[Zhao et al. 1997] Zhao G., Wright E., Grandhi R. V., 1997. Preform Die Shape Design in Metal Forming using an Optimization Method. Int. J. Num. Meth. Engng., 40, pp. 1213-1230.

www.ingramcontent.com/pod-product-compliance
Lightning Source LLC
Chambersburg PA
CBHW021107210326
41598CB00016B/1364